Die Nördlinger Altstadt begeistert Besucher mit ihren mittelalterlichen Gebäuden und Fachwerkhäusern. Der 2017 gelieferte Rüstwagen Kran von Empl auf MAN TGM 18.340 steht für die moderne Ausstattung der Wehr. (klf)
The old town of Nördlingen delights visitors with its medieval buildings and half-timbered houses. The Empl Rescue truck with crane on MAN TGM 18.340 delivered in 2017 represents the modern equipment of the Volunteer Fire Brigade.

Verlag Podszun-Motorbücher GmbH
Elisabethstraße 23-25, D-59929 Brilon
Internet: www.podszun-verlag.de
E-Mail: info@podszun-verlag.de

Herstellung: LUC Medienhaus, Greven

ISBN 978-3-86133-967-0

Bildnachweis:

Burkhard Giese, Winsen (bgw) / Christoph Boss, Wedemark (cbw) / Detlef Holsträter, Münster (dhm) / Helmut Elstrodt, Bottrop (heb) / Hans-Jörg Schierz, Hohen-Neudorf (hsh) / Jürgen Kiefer, Sehnde (jks) / Jens Weber, Ginsheim-Gustavsburg (jwg) / Klaus Lamm, Berlin (klb) / Klaus Fischer, Ottobrunn (klf) / Bundeswehr Luftwaffe (lw) / MAN Truck & Bus SE, München (man) / Michael Klusemann, Goch (mkg)/ Rosenbauer International AG, Leonding (rbi) / Sandro Magalhães, Carcavelos (Portugal) (smc) / Steven Schueler, Black Forest (Australien) (ssb) / Wolfgang Rotter, Ulm (wro) / Wilfried Wellner, Braunlage (wwb)
Zeichnung: Oliver Frey unter Verwendung von Unterlagen von Magirus, Ulm

KLAUS FISCHER

FEUERWEHR FAHRZEUGE AUF MAN 1

PODSZUN

LIEBE LESERIN, LIEBER LESER!

Fünf Jahre sind üblicherweise der Abstand von INTERSCHUTZ zu INTERSCHUTZ. Allerdings musste wegen der Coronapandemie die Messe um ein Jahr auf Juni 2021 verschoben werden. Deshalb bietet die Bildergalerie einen Eindruck von den seit 2015 an deutsche Wehren ausgelieferten MAN-Feuerwehrfahrzeugen. Mehrere Porträts stellen interessante Einsatzfahrzeuge und ihre Konzepte auf MAN vor. Vor vier Jahren rundete MAN seine Produktpalette mit dem TGE nach unten ab. Nun gibt es die ersten Einsatzfahrzeuge. Ein guter Anlass, dem MAN TGE ein ausführliches Kapitel zu widmen. Zum Schluss wird es in zwei Kapitel international: 2018 besuchte der Autor auf einer Urlaubsreise Feuerwehren in Neuseeland. Ein tiefer Griff in die Archivkiste förderte die 21 Jahre alte Rosenbauer-Pressemeldung über eine Auslieferung an einen indischen Flughafen zu Tage.

Die Internationalität der Weltleitmesse INTERSCHUTZ ist der Grund, warum das Buch zweisprachig konzipiert wurde. Die Bildtexte sind in deutsch und englisch und zu jedem Kapitel gibt es eine Zusammenfassung auf englisch. Hier möchte ich mich ganz herzlichen beim Feuerwehrfahrzeugfotografen Andrew Henry bedanken. Als Lehrer im Ruhestand und frühere Führungskraft in einer englischen Feuerwehr kümmerte er sich um die fachlich zutreffenden englischen Formulierungen.

Ebenfalls danke ich allen Freunden und Feuerwehrkameraden, die gerne ihre schönsten Fotos zur Verfügung stellten oder bei Fototerminen die Fahrzeuge ins rechte Licht und vor schönen Hintergrund positionierten und ausführliche Informationen für die Texte lieferten.

Die Zahl 1 im Titel ist eine Ansage. Wenn Ihnen das Buch gefällt, sind Verlag und Autor gerne bereit, eine Serie zu starten. An interessantem Material zu Feuerwehrfahrzeugen auf MAN mangelt es nicht.

Ihr Klaus Fischer

Klaus Fischer, Jahrgang 1962, Diplom-Geograph und Medienreferent aus Ottobrunn. Er fotografiert und schreibt seit den 1980er Jahren im Hobby für Feuerwehrfachzeitschriften und verfasste mehrere Bücher über Feuerwehrfahrzeuge, zuletzt die beiden Bände über MAN Feuerwehrfahrzeuge im Podszun-Verlag. In der Führung der Freiwilligen Feuerwehr Ottobrunn liegen die Schwerpunkte des Hauptlöschmeisters auf Öffentlichkeitsarbeit und Gefahrgut. Zudem amtiert er seit Jahrzenten als Schriftführer des Feuerwehrvereins. Während einer mehrjährigen beruflichen Tätigkeit als Umwelt- und Landschaftsplaner war er zudem Mitglied der FF Zeitz in Sachsen-Anhalt.

DEAR READER!

Five years is usually the interval between INTERSCHUTZ and INTERSCHUTZ. However, due to the corona pandemic, the exhibition had to be postponed by one year to June 2021. This is why the picture gallery provides an impression of fire engines on MAN chassis that have been delivered to German Fire Brigades since 2015. Several portraits present interesting vehicles and their concepts on MAN. Four years ago MAN rounded off its product range with the TGE. Now the first vehicles are available. A good occasion to dedicate a detailed chapter to the MAN TGE. Finally, two chapters make it international: in 2018 the author visited fire brigades in New Zealand on a holiday trip. A close look into the archive box revealed the 21-year-old Rosenbauer press release about a delivery to an Indian airport.

The international character of the world's leading trade fair INTERSCHUTZ is the reason why the book was conceived bilingually. The captions are in German and English and there is a summary in English for each chapter. Here I would like to thank the fire engine photographer Andrew Henry. As a retired teacher and former part time officer of an English fire brigade he took care of the correct English wording.

I also thank all friends and firefighter who gladly provided their most beautiful photos or positioned the vehicles at the photos sessions and provided detailed information for the texts.

The number 1 in the title is an announcement. If you like the book, the publisher and the author are ready to start a series. There is no shortage of interesting material on MAN fire engines.

Yours, Klaus Fischer

Klaus Fischer, born 1962, geographer and media consultant from Ottobrunn. He has been taking photographs and writing in his hobby for fire fighting journals since the 1980s and has written several books on fire engines, most recently the two volumes on MAN fire engines published by Podszun-Verlag. In his Ottobrunn Voluntary Fire Brigade, his main focus as an officer is on public relations and haz mat. In addition, he has been acting as secretary of the local fire brigade association for decades. During a professional activity of several years as environmental and landscape planner he was also a member of the FF Zeitz in Saxony-Anhalt.

Vier MAN der Feuerwehr Garbsen warteten im Herbst 2019 auf den Fotografen: RW und ELW der Ortswehr Garbsen, TLF 16/25 der Ortswehr Horst und GW-L 2 der Ortswehr Berenbostel. (klf)
Four MAN of the Garbsen Vol. Fire Dept. are waiting for the photographer in autumn 2019: RW and ELW of the district Garbsen, TLF 16/25 of the district Horst and GW-L 2 of the district Berenbostel.

BILDERBOGEN MAN SEIT 2015

Die Messe INTERSCHUTZ Hannover – Der Rote Hahn ist eine internationale Leitmesse für Brand- und Katastrophenschutz, Rettung und Sicherheit. Sie findet normalerweise alle fünf Jahre statt. Deshalb gibt dieser Bilderbogen einen Eindruck über MAN-Einsatzfahrzeuge bei deutschen Feuerwehren seit der Messe im Jahr 2015. Die Zusammenstellung orientiert sich an der Typenliste der gängigsten genormten Fahrzeuge des DIN-Normenausschusses Feuerwehrwesen. Hinzu kommen Fahrzeuge, die aus ortsspezifischen Anforderungen oder auf der Grundlage von Technischen Richtlinien einzelner Bundesländer beschafft wurden. Einen Eindruck von der Vielzahl der Aufbauhersteller und ihrer Bauausführungen vermittelt die Zusammenstellung von 14 Fotos zum LF 20 und HLF 20.

Entwicklungen der Fahrzeugtypen seit 2015

Die zahlreichen Änderungen der Normen für Einsatzfahrzeuge und ihrer Ausrüstung betrafen viele Fahrzeugtypen wie TSF, TSF-W und MLF, die Löschgruppenfahrzeuge (H)LF 10 und (H)LF 20, GW-G oder RW. Anlass war oftmals die Überarbeitung der DIN 14502-1. Diese enthält seit 2016 keine Angabe mehr zur zulässigen Gesamtmasse, sondern teilt die Fahrzeugtypen den Masseklassen zu: Leicht L1 (3,0 – 4,75 t), L2 (4,75 – 7,5 t), Mittel M1 (7,5 – 9,0 t), M2 (9,0 – 14,0 t), M3 (14,0 – 16,0 t) und Super S (über 16 t). Neben den bundeseinheitlichen Regularien stehen landesspezifische Konzepte. So veröffentlichte der Freistaat Bayern im Jahr 2015 eine Baurichtlinie für das TSF-L.

TSF | MAN TGE 5.180 | Furtner & Ammer | 2019 | FF Leberskirchen (klf)
Die Firma Furtner & Ammer in Landau/Isar baut eine große Anzahl TSF, vor allem für Feuerwehren in Bayern.
The company Furtner & Ammer in Landau/Isar builds a large number of TSF, mainly for fire brigades in Bavaria.

TSF-L | MAN TGL 8.220 4x2 BL | Geidobler | 2016 | FF Weißenfeld (klf)
Im Heck haben vier Rollwagen Platz, die Tragkraftspritze PFPN 10-1000 ist seitlich eingeschoben.
There is room for four roller containers at the rear, the portable pump PFPN 10-1000 is pushed in at the side.

Entwicklungen bei MAN seit 2015

Der Markt für Feuerwehrfahrzeuge in Deutschland liegt in der Gewichtsklasse ab 10 Tonnen bei jährlich etwa 1400 bis 1600 Einheiten. MAN behauptet seit Jahren die Marktführerschaft, aktuell mit über 60 Prozent. Einer der Gründe dafür liegt in ihrer umfangreichen branchenspezifischen Produktpalette. Ab 2014 zugelassene Lastwagen müssen die Grenzwerte der Abgasreinigungsstufe Euro 6 erfüllen. Allerdings erließen einige Bundesländer Ausnahmegenehmigungen, die weiterhin die Zulassung von Einsatzfahrzeugen mit der Abgasnorm Euro 5 erlauben. MAN behielt deshalb diese Ausführung als Alternative im Programm. Die Gestaltung der Fahrzeugfront bietet auf den ersten Blick die Zuordnung zur Eurostufe: Bei Euro 5 ist der schwarze Grill höher und nahezu rechteckig. Das rot lackierte Frontblech recht bis zu den Scheibenwischblättern. Bei Euro 6 erhielt die niedrigere schwarze Grillplatte eine dynamische trapezförmige Form. Die kompletten Scheibenwischerarme liegen frei in schwarzem Feld.

Der Löwe, das MAN-Markenzeichen, erhielt in allen Ausführungen zum Modelljahr 2018 eine schwarze Hinterlegung, damit er in der silbernen Chromspange besser zu erkennen ist. Am 9. Mai 2017 feierte das MAN-Werk Steyr die Herstellung des 200.000sten Fahrgestells aus den Baureihen TGL/TGM seit Beginn deren Serienproduktion im Jahr 2006. Am 10. Februar 2020 stellte MAN seine neue Truck Generation vor. Mit der Vorstellung der ersten Einsatzfahrzeuge wäre auf der Messe INTERSCHUTZ 2020 zu rechnen gewesen.

Entwicklungen bei den Aufbauherstellern seit 2015

Die großen Themen auf der INTERSCHUTZ 2015 lauteten: Vorstellung der neuen Aufbauten „Primus" bei Empl, „Varus" bei Schlingmann und „Plus" bei Gimaex. Magirus zeigte die neue Team Cab. Rosenbauer präsentierte die Weiterentwicklung ihrer Drehleiter zur L32A XS 2.0, die Variante 3.0 folgte 2018. Die neue Generation der Niederbau-Drehleiter bei Magirus hat keinen Bezug zu MAN, weil hierfür ein Sonderfahrgestell von IVECO die Basis darstellt.

In den fünf Jahren seit 2015 haben mehrere Aufbauhersteller ihren Betrieb eingestellt. Manche von ihnen bekamen unter neuem Besitzer die Chance, weiterzuarbeiten. Thoma wurde von der polnischen Firma WISS übernommen. Bronto Skylift wechselte von der amerikanischen Firma Federal Signals an die japanische Morita Holdings Corp. Iturri übernahm 2018 die Firma Gimaex. Meinicke stellte nach Insolvenz seine Fertigung ein, Schmitz Fire & Resuce übernahm die Firma. Zikun meldete Insolvenz an. Maise ebenfalls und nennt sich nach einer Übernahme TFS Fahrzeugbau.

Magirus startete 2016 mit der Auslieferung der neuen Team Cab auf MAN-Fahrgestell sowie der EC-Baureihe. Im selben Jahr übergab Freytag den letzten von 121 SW KatS auf MAN TGM 13.250 4x4 BB an das Bundesamt für Bevölkerungsschutz und Katastrophenhilfe BBK. Ziegler schloss 2016 einen Großauftrag des Zentrums Brandschutz der Bundeswehr ab. Das 2. Los der FlKfz Gebäudebrand auf MAN TGM 18.290 4x4 BB umfasste 51 Einheiten. Von dem FlKfz Geräterüst erhielten die Feuerwehren der Bundeswehr ab 2008 im 1. Los 58 Fahrzeuge und bis 2016 im 2. Los 33 Stück. Nach der Vorstellung des MAN TGE auf der IAA 2016 lief 2017 seine Fertigung an. Bis zur Auslieferung des vermutlich ersten TSF dauerte es zwei Jahre. Ziegler gab diese im Frühjahr 2019 bekannt.

Summary

The photographs show fire engines on MAN chassis that have been placed in service with German fire brigades since the last INTERSCHUTZ 2015 trade fair. The compilation is based on the type list of the most common standardised vehicles of the DIN Firefighting Standards Committee. In addition, there are vehicles that were procured on the basis of local requirements or on the basis of technical guidelines of individual German states. On next page you will find an explanation of the German types.

The market for fire-fighting vehicles in Germany is around 1400–1600 units per year in the weight class from 10 tonnes upwards. MAN has maintained its market leadership for years, currently at over 60 percent. One of the reasons for this lies in the extensive industry-specific product range. Trucks registered from 2014 onwards must comply with the limits of the Euro 6 exhaust gas reglementation. However, some federal states have issued special permits that continue to allow the registration of emergency vehicles with the Euro 5 exhaust emission standard. MAN therefore retained this version in its range as an alternativ.

TSF-W | MAN TGL 8.180 4x2 BL | ADIK | 2017 | FF Salzhausen Ortsfeuerwehr Eyendorf | 500 W (bgw)
Für die Ausleuchtung von Einsatzstellen ist ein pneumatischer Lichtmast mit zwei LED-Scheinwerfern eingebaut.
A pneumatic light mast with two LED lights is installed for the illumination of operational areas.

The captions are standardized and inform on Type | Chassis | Bodybuilder | Year of construction | Fire Brigade. BF = Professional Fire Brigade; FF = Volunteer Fire Department; WF = Works Fire Service | Capacity of tanks for W = Water, S = Foam and P = Powder

TSF	light truck with transportable fire pump, crew of 6
TSF-L	light truck with transportable fire pump and logistics compartment, crew of 6 (only in Bavaria)
TSF-W	light truck with transportable fire pump with water tank 500 – 750 litres, crew of 6
MLF	light truck with built-in fire pump FPN 10-1000 with water tank 600 – 1,000 litres, crew of 6
LF	Engine, crew of 9: LF 10 with built-in fire pump FPN 10-1000 with water tank at least 1,200 litres / LF 20 with built-in fire pump FPN 10-2000 with water tank at least 2,000 litres
HLF	Rescue Engine, crew of 9: HLF 10 with built-in fire pump FPN 10-1000 with water tank at least 1,000 litres / LF 20 with built-in fire pump FPN 10-2000 with water tank at least 1,600 litres
TLF	Tanker, crew of 3: TLF 2000 with built-in fire pump FPN 10-1000 with water tank at least 2,000 litres / TLF 3000 with built-in fire pump FPN 10-2000 with water tank at least 3,000 litres / TLF 4000 with built-in fire pump FPN 10-2000 with tanks for at least 4,000 litres water and at least 500 litres foam
StLF	Tanker, crew of 6; with built-in fire pump FPN 10-2000 with water tank at least 2,500 liters (only in Hessen)
ULF	engine for industrial fire fighting with water, foam, powder and a stroing built-in pump
DLK	Aerial ladder
TMB	Snorkel
WLF	Skip-Loader
ELW	Command car
RW	Rescue Truck
GW	Truck for transport of special equipment i.e. GW-A Breathing apparatus, GW-G HazMat, GW-L Logistics
LKW	Truck
SW	Hose layer
MTW	Minibus for Transport of fire fighters
RTW	Ambulance

TSF-W | MAN TGL 8.220 4x2 BB | BTG | 2018 | FF Röckingen | 600 W (klf)
Die Firma BTG in Görlitz hat sich spezialisiert auf Einsatzfahrzeuge in dieser Gewichtsklasse.
The company BTG in Görlitz has specialized in fire fighting vehicles in this weight class.

TSF-W | MAN TGL 8.180 4x2 BB | Empl | 2017 | FF Petzenhausen | 500 W (mkg)
Zwei der vier Sitzplätze hinten in der Doppelkabine von MAN sind mit Atemschutzgeräten ausgestattet.
Two of the four seats at the rear of the MAN crew cab are equipped with breathing apparatus.

MLF | MAN TGL 8.220 4x2 BB | BTG | 2018 | FF Schwerin Schlossgarten | 1000 W (dhm)
Abweichend von der Norm erhielt das MLF eine große Kabine von MAN Individual für 9 Einsatzkräfte.
Deviating from the standard, the MLF was fitted with a large cab from MAN Individual for 9 fire fighters.

MLF | MAN TGL 10.220 4x2 BB | Ziegler | 2015 | Nordrhein-Westfalen | 1020 W 60 S (dhm)
Drei Erprobungsfahrzeuge liefen von 2015 bis 2017 im Projekt „Feuerwehr Ehrensache“ in Nordrhein-Westfalen.
Three test vehicles ran from 2015 to 2017 in the "fire brigade matter of honour" project in North Rhine-Westphalia.

MLF | MAN TGL 8.220 4x2 BB | Empl | 2017 | FF Saarlouis Löschbezirk Innenstadt | 1000 W (klf)
Für Einsätze in engen Innenstadtstraßen baute Empl ein MLF mit integrierter Kabine und 2,30 Meter Fahrzeugbreite.
For operations in narrow inner city streets, Empl built an MLF with an integrated cabin and a vehicle width of 2.30 meters.

MLF | MAN TGM 13.290 4x4 BL | Meinicke | 2018 | FF Wallendorf | 1200 W (klf)
Dieser Typ ist das kleinste Allradfahrgestell von MAN. Das tatsächliche Fahrzeuggewicht liegt bei 10,3 Tonnen.
This type is the smallest all-wheel-drive chassis from MAN. The actual vehicle weight is 10.3 tonnes.

LF 10 | MAN TGM 15.290 4x2 BL | Magirus | 2019 | FF Weinstadt Abteilung Strümpfelbach | 1600 W (klf)
LF 10 gibt es mit Straßen- und Allradantrieb. Sie sind der Gewichtsklasse M 2 (9,0 – 14,0 t) zugeordnet.
LF 10 is available with road and all-wheel drive. They are assigned to weight class M 2 (9.0 – 14.0 t).

HLF 10 | MAN TGM 12.290 4x2 BL | Rosenbauer | 2016 | BF Dresden | 1600 W 120 S (klf)
Für Einsätze in der Innenstadt beschaffte die BF Dresden fünf kompakte Löschfahrzeuge.
For operations in the city centre, BF Dresden procured five compact fire engines.

LF 10 | MAN TGM 12.290 4x2 BL | Schlingmann | 2017 | NABK Celle | 1200 W (bgw)
Die Niedersächsische Akademie für Brandschutz und Katastrophenschutz erhielt für die Ausbildung zwei LF 10.
The fire brigade school in Lower Saxony at Celle received two identical engines LF 10 for training.

HLF 10 | MAN TGM 13.290 4x4 BL | Lentner | 2017 | FF Lederdorn | 1000 W (klf)
Auf einem Lift im Aufbau ist je nach Alarmmeldung die Tragkraftspritze oder der hydraulische Rettungssatz verladen.
Depending on the alarm message, the portable pump or the hydraulic rescue kit is loaded on a lift in the body.

LF 10 | MAN TGM 13.250 4x4 BL | WISS | 2018 | FF Prenzlau Ortswehr Schönwerder | 1200 W (dhm)
An Feuerwehren im Land Brandenburg lieferte WISS im Frühjahr 2018 sieben baugleiche Fahrzeuge.
WISS delivered seven identical vehicles to Fire Brigades in Brandenburg in spring 2018.

HLF 10 | MAN TGM 13.290 4x4 BL | Thomas WISS | 2017 | FF Teistungen | 1400 W 120 S (klf)
Die polnische Firma WISS baute die FPN 10-1500 von Godiva ein. Bei Thoma in Deutschland erfolgte der Innenausbau.
The Polish company WISS installed the FPN 10-1500 from Godiva. At Thoma in Germany the interior work was carried out.

HLF 10 | MAN TGM 13.290 4x4 BL | Ziegler | 2019 | FF Bad Frankenhausen | 1600 W (klf)
Der Katastrophenschutz des thüringischen Kyffhäuserkreises beschaffte drei HLF 10. Eingebaut ist ein FPN 10-1000.
The civil protection of the Thuringian county Kyffhäuserkreis procured three HLF 10's. An FPN 10-1000 is installed.

LF 20 | MAN TGM 15.290 4x2 LL | Gimaex | 2016 | BF Bochum | 2000 W 160 S (wro)
Aus Aluminium mit GFK-Formteilen bestand die von Gimaex auf der INTERSCHUTZ 2015 vorgestellte Baureihe Plus.
The series Plus presented by Gimaex on the INTERSCHUTZ 2015 consisted of aluminium with GRP moulded parts.

LHF 20/12 | MAN TGM 15.290 4x2 BL | Rosenbauer | 2017 | BF Berlin | 1200 W 100 S (mkg)
Berlin konzipierte exklusiv eine spezielle 2,4 m schmälere Ausführung des HLF für die Einsätze in der Stadt.
Berlin exclusively designed a special narrower, 2.4 m width version of the Rescue Engine for use in the city.

HLF 20 | MAN TGM 13.290 4x4 BL | Empl | 2017 | FF Crivitz | 2000 W 120 S (dhm)
Empl stellte die Primus-Baureihe 2015 vor. Dieses HLF 20 war eines der erstens dieser Art in Mecklenburg-Vorpommern.
Empl present the Primus series in 2015. This HLF 20 was one of the first vehicles delivered to a fire brigade in Mecklenburg-Western Pomerania.

HLF 20 | MAN TGM 13.290 4x4 BL | Kofler | 2016 | FF Wertingen | 1600 W 150 S (klf)
Erstmals baute die Südtiroler Firma Kofler ein HLF 20. Die Gruppenkabine ist von MAN Individual.
For the first time the South Tyrolean company Kofler built an HLF 20, the cab for 9 fire fighters is from MAN Individual.

HLF 20 | MAN TGM 13.290 4x4 BL | Lentner | 2019 | FF Offenstetten | 2000 W 120 S (klf)
Die FPN 10-3000 von PF Johstadt ist kombiniert mit einer CAFS-Anlage. Die Fahrzeughöhe beträgt 3,15 Meter.
The FPN 10-3000 from PF Johstadt is combined with a CAFS system. The vehicle height is 3.15 meters.

LF 20 | MAN TGM 13.290 4x4 BL | Magirus | 2015 | FF Aitrach | 2500 W 120 S (klf)
Das Fahrzeug ist ausgestattet mit einem größeren Wassertank und einer eingebauten Winde mit 50 kN Zugkraft.
The vehicle is equipped with a larger water tank and a built-in winch with 50 kN pulling force.

HLF 20 | MAN TGM 13.290 4x4 BL | Magirus| 2019 | FF Beratzhausen | 1600 W 200 S (klf)
Im Jahr 2014 stellte Magirus die TeamCab vor und führte sie im Lauf der Jahre in die Produktion ein.
In 2014 Magirus introduced the TeamCab and introduced it into production over the years.

HLF 20 | MAN TGM 13.290 4x4 BL | Magirus | 2016 | BF Wuppertal | 1600 W 200 S (mkg)
In einer gemeinsamen Beschaffung erhielt die Feuerwehr Wuppertal 4 HLF 20 und die Feuerwehr Solingen 5 HLF 20.
In a joint procurement the Wuppertal fire brigade received 4 HLF 20 and the Solingen fire brigade 5 HLF 20.

HLF 20 | MAN TGM 13.290 4x4 BL | Rosenbauer | 2015 | FF Halberstadt | 2000 W (klf)
Das Innenministerium Sachsen-Anhalt koordinierte die Beschaffung mehrerer HLF 20 aus der ES-Baureihe.
The Ministry of the Interior of Saxony-Anhalt coordinated the procurement of several HLF 20 from the ES series.

HLF 20 | MAN TGM 13.290 4x4 BL | Rosenbauer | 2015 | FF Thiendorf | 2000 W 150 S (klb)
Auf MAN TGM in Euro 5-Ausführung mit 4,25 Meter Radstand baute Rosenbauer seinen AT-Aufbau der 3. Generation auf.
Rosenbauer built its third-generation AT body on MAN TGM in Euro 5 version with a wheelbase of 4.25 metres.

HLF 20 | MAN TGM 13.290 4x4 BL | Schlingmann | 2015 | FF Stuttgart Abteilung Münster | 2000 W 120 S (klf)
Fünf baugleiche HLF 20 mit der SMKplus-Mannschaftskabine erhielt die FF Stuttgart.
Five identical HLF 20 with the SMKplus crew cabin were delivered to FF Stuttgart.

HLF 20 | MAN TGM 13.290 4x4 BL | Schlingmann | 2019 | BF Dresden | 2400 W 200 S (klf)
Die „Varus"-Baureihe stellte Schlingmann auf der INTERSCHUTZ 2015 vor. Dresden beschaffte sechs HLF 20.
Schlingmann presented the "Varus" series at the INTERSCHUTZ 2015. Dresden procured six rescue engines HLF 20.

HLF 20 | MAN TGM 13.290 4x4 BL | Walser | 2017 | FF Neu-Isenburg Zeppelinhain | 1600 W 100 S (jwg)
Die Ausstattung des in Österreich aufgebauten HLF 20 wurde um eine elektrische Seilwinde an der Front ergänzt.
The equipment of the Rescue engine HLF 20 set up in Austria was supplemented by an electric cable winch at the front.

HLF 20 | MAN TGM 13.290 4x4 BL | Ziegler | 2018 | FF Gräfelfing | 1600 W 120 S (klf)
Ziegler montiert mit der Z-Cab ein eigenständiges Kabinenmodul zwischen Fahrerhaus und Aufbau.
With the Z-Cab, Ziegler installs an independent cab module between the driver's cab and body.

LF 20 KatS | MAN TGM 13.290 4x4 BL | Lentner | 2015 | FF Wildenberg | 1450 W 120 S (klf)
Zum Aufbau einer Wasserversorgung werden 300 Meter B-Schlauch gekuppelt im Heck und 12 B- Rollschläuche mitgeführt.
To set up a water supply, 300 meters of B-hose (Ø 75 mm) coupled in the rear and 12 B-roll hoses are carried.

LF 20 KatS | MAN TGM 13.290 4x4 BL | Ziegler | 2018 | FF Jena-Mitte | 2000 W 120 S (klf)
Das Land Thüringen beschaffte 13 LF 20 KatS. Im Heck sind 480 m B-Schlauch, im Geräteraum G1 ein Tragkraftspritze.
The state of Thuringia procured 13 LF 20 KatS. In the rear are 480 m B-hose, in the equipment locker G1 a portable pump.

TLF 2000 | MAN TGL 8.220 4x2 BL | WISS | 2019 | FF Wingerode | 2000 W (klf)
Passend zu den beengten Platzverhältnissen im Gerätehaus entstand das TLF 2000. Eingebaut ist eine FPN 10-1000.
The TLF 2000 was designed to fit into the cramped conditions in the station, with an FPN 10-1000 installed.

TLF 3000 | MAN TGM 13.290 4x4 BL | BAI | 2017 | FF Berlingerode | 3000 W (klf)
Der Aufbau ist aus Italien, die Pumpe FPN 10-2000 von Godiva in England. Es handelte sich um ein Vorführfahrzeug.
The body construction is from Italy, the pump FPN 10-2000 from Godiva in England. It was a demonstration vehicle.

TLF 3000 | MAN TGM 13.290 4x4 BL | Empl | 2018 | FF Sollstedt | 4000 W (klf)
Diesen MAN TGM mit langer L-Kabine stattete Empl mit einem Sprühbalken unter der vorderen Stoßstange aus.
Empl equipped this MAN TGM with long L-cab with a spray bar under the front bumper.

TLF 3000 | MAN TGM 13.250 4x4 BB | Ziegler | 2017 | FF St. Marienstern | 3000 W 200 S (klb)
Ein sehr kompaktes Fahrzeug mit 3,60 Meter Radstand, langer L-Kabine und Einzelbereifung konzipierte Ziegler.
Ziegler designed a very compact vehicle with a wheelbase of 3.60 metres, long L-cab and single tyres.

TLF 3000 | MAN TGM 13.290 4x4 BL | Meyer | 2017 | FF Großrosseln Löschbezirk West | 3000 W 120 S (klf)
Meyer aus Rheden in Niedersachsen baute ein TLF 3000 mit Staffelkabine und Pumpe FPN 10-3000 von PF Johstadt.
Meyer from Rheden in Lower Saxony built a TLF 3000 with crew cab and FPN 10-3000 pump from PF Johstadt.

TLF 3000 | MAN TGM 13.290 4x4 BB | Stolarczyk | 2016 | FF Jüdenberg | 3000 W (dhm)
Sehr selten sind in Deutschland Fahrzeuge mit Aufbau der polnischen Firma Stolarczyk.
Very rare in Germany are vehicles with bodywork from the Polish company Stolarczyk.

StLF 20/25 | MAN TGM 3.290 4x4 BL | Walser | 2017 | FF Neu Isenburg | 2500 W 150 S (jwg)
Das Fahrzeug entstand nach der Technischen Richtlinie Hessen für das Staffellöschfahrzeug StLF 20/25.
The vehicle was built according to the Technical Guideline Hesse for the tanker StLF 20/25 with a crew of six.

TLF 4000 | MAN TGS 18.440 4x4 BL | Magirus | 2018 | BF Nordhausen | 4500 W 500 S (klf)
Selten sieht man das stärker motorisierte MAN TGS-Fahrgestell als TLF 4000. Dach- und Frontwerfer leisten 2000 l/min.
You rarely see the more powerful MAN TGS chassis as TLF 4000. Output of front and roof turrets is 2000 l/min.

TLF 4000 | MAN TGM 18.290 4x4 BB | Iturri | 2018 | FF Schwarzheide Ost | 4200 W 500 S (klf)
Aus historischen Gründen sind die Fahrzeuge der FF Schwarzheide in rubinrot RAL 3003 lackiert.
For historical reasons the vehicles of Vol. Fire Dept. Schwarzheide are painted in ruby red RAL 3003.

TLF 4000 | MAN TGM 18.340 4x4 BB | Empl | 2017 | BF Potsdam | 4200 W 500 S (mkg)
Die Besatzung in der integrierten Kabine beträgt eine Staffel. Eingebaut sind ein FPN 10-3000 und CAFS-Anlage.
The crew are six firefighters. A built-in pump FPN 10-3000 and CAFS system are installed.

FlKfz Gebäudebrand | MAN TGM 18.290 4x4 BB | Ziegler | 2016 | Fliegerhorstfeuerwehr Laupheim | 3000 W 300 S (lw)
Die Bundeswehr beschafft 51 baugleiche Löschfahrzeuge, die in den Jahren 2015 und 2016 zur Auslieferung kamen.
The Bundeswehr procured 51 identical fire-fighting vehicles, which were delivered in 2015 and 2016.

Sonderlöschmittel-TLF 4000 | MAN TGM 18.340 4x4 BL | Schlingmann | 2015 | FF Germering | 4000 W 500 S (klf)
Auf Rollwagen im Heck sind 250 kg Pulver, 250 kg Metallbrandpulver, 600 Liter alkoholbeständiges Schaummittel und 135 kg Kohlendioxid.
There are 250 kg powder, 250 kg metal fire powder, 600 litres foam and 135 kg carbon dioxide on trolleys at the rear.

TLF 4000 | MAN TGM 18.340 4x2 BB | Rosenbauer | 2018 | WF Saarstahl Neunkirchen | 5500 W 500 S (jwg)
Für Brandbekämpfung und Hilfeleistung ist das Industrie-Löschfahrzeug ausgestattet. Die Pumpe leistet 3500 l/min.
The industrial fire-fighting vehicle is equipped for fire fighting and technicl rescue. The pump has a capacity of 3500 l/min.

ULF 60/20-10 | MAN TGS 26.540 6x4 BB | Desautel | 2016 | WF BASF Lampertheim | 2000 W 1000 S 1000 P 300 CO2 (klf)
Der französische Hersteller baute auf die stärkste Variante des MAN TGS auf. Die Ziegler-Pumpe leistet 6000 l/min.
The French manufacturer built on the most powerful version of the MAN TGS. The Ziegler pump delivers 6000 l/min.

FlKfz mittel | MAN SX 33.685 6x6 | Ziegler | 2016 | Bundeswehrfeuerwehr Fritzlar | 6000 W 600 S 500 P 120 CO2 (mkg)
85 der 680 PS starken und 33 Tonnen schweren Flugplatzlöschfahrzeuge beschaffte die Bundeswehr von 2009 bis 2016.
85 of the 680 hp, 33-tonne airfield fire-fighting vehicles were purchased by the Bundeswehr from 2009 to 2016.

TW 14000 | MAN TGS 26.440 6x2-4 LL | Jansky | 2015 | FF Königswinter Löschzug Ölberg | 14.000 W (klf)
Der Aufbau stammt von der Tankwagenfirma Jansky und wurde vom Vorgängerfahrzeug auf den neuen MAN umgesetzt.
The body was made by the tanker company Jansky and was transferred from the predecessor vehicle to the new MAN.

DLK 23-12 | MAN TGM 15.290 4x2 LL | Magirus | 2015 | FF Unterhaching (klf)
M32L-AS lautet die Bezeichnung von Magirus. Aus dem vierteiligen Leiterpark wird das oberste Teil zuerst ausgezogen.
M32L-AS is the type name given by Magirus. From the four-section ladder, the top section is extended first and angled.

DLK 23-12 | MAN TGM 15.290 4x2 BL | Magirus | 2015 | BF Wuppertal (wro)
M32L-AT ist die Bezeichnung von Magirus für die Ausführung mit fünfteiligem Leiterpark und telekopierbarem Korbarm.
M32L-AT is Magirus's designation for the version with a five-section ladder and telescopic jib.

DLK 23-12 | MAN TGM 15.290 4x2 LL | Rosenbauer | 2016 | FF Weißwasser (klb)
L32A-XS2.0 nennt Rosenbauer seine Leiter. An dem fünfteiligen Park ist ein 4,65 Meter langer abneigbarer Korbarm.
L32A-XS2.0 is what Rosenbauer calls this ladder. A 4.65-metre long tilting basket boom is attached to the five-section ladder.

DLK 23-12 | MAN TGM 26.290 6x2-4 BL | Rosenbauer | 2016 | FF Bad Bevensen (bgw)
Der TGM erhielt die längere L-Kabine. Durch die Nachlauflenkachse verringert sich der Wendekreis der Drehleiter.
The chassis received the longer L-cabin. The steered trailing axle reduces the turning circle of the turntable ladder.

DLK 42 | MAN TGS 28.420 6x4-4 BL | Magirus | 2018 | WF Flughafen München (wro)
Die Gelenkdrehleiter mit Einzelauszug M42L-AS ist auf einem MAN-Allradchassis mit gelenkter Nachlaufachse aufgebaut.
The articulated turntable ladder with single extension M42L-AS is mounted on a MAN all-wheel drive chassis with steered trailing axle.

TMB 32 | MAN TGL 12.250 4x2 BB | Klaas | 2016 | FF Puderbach (klf)
Teleskopmast und Rettungskorb für 300 kg fertigt die in Ascheberg ansässige Firma Klaas aus Aluminium.
The Ascheberg-based company Klaas manufactures the telescopic mast and rescue cage for 300 kg from aluminium.

TMB 42 | MAN TGS 26.460 6x4H-4 BL | Rosenbauer | 2017 | WF MTU MAN München | 1200 W 120 S (klf)
Das Euro 6-Fahrgestell ist mit MAN HydroDrive ausgestattet. Eingebaut ist eine Pumpe FPN 10-4000.
The Euro 6 chassis is equipped with MAN HydroDrive. A FPN 10-4000 pump is installed.

Rettungstreppe | Toni Maurer TGM 18.340 4x4 BB | Rosenbauer | 2017 | WF Flughafen Hannover (klf)
Die Firma Toni Maurer baute das Fahrgestell um, damit Rosenbauer seine Rettungstreppe E5000 montieren konnte.
The company Toni Maurer converted the chassis so that Rosenbauer could install its E5000 escape stair.

WLF | MAN TGS 18.360 4x2 BL | KFB-Jessen | 2018 | BF Braunschweig (klf)
Die Firma KFB-Jessen baute eine Wechseleinrichtung von Palfinger auf das Chassis. Aufgezogen ist der AB-Gefahrgut.
The company KFB-Jessen built a Palfinger container lift on the chassis. The haz mat container is mounted.

WLF | MAN TGX 26.400 6x2-4 BL | Meindl | 2016 | BF Bielefeld (klf)
Die Baureihe MAN TGX mit der XL-Kabine ist bei Feuerwehren selten zu sehen. Die Wechseleinrichtung ist von Meiller.
The MAN TGX series with the XL cab is rarely seen with fire brigades. The interchangeable equipment is from Meiller.

WLF | MAN TGS 35.480 8x4-4 BL | Palfinger | 2016 | FF Hechingen (klf)
Die Achsanordnung 1+3 führt zu einem kleineren Wendekreis im Vergleich zu einem Vierachser mit zwei Vorderachsen.
The axle arrangement 1+3 results in a smaller turning circle compared to a four-axle vehicle with two front axles.

ELW 2 | MAN TGL 8.180 4x2 BL | GSF | 2018 | FF Garbsen (klf)
Der Kofferaufbau gliedert sich in den Funkraum für drei Kräfte und den Besprechungsraum mit sechs Plätzen.
The box body is divided into the radio room for three fire fighters and the conference room with six seats.

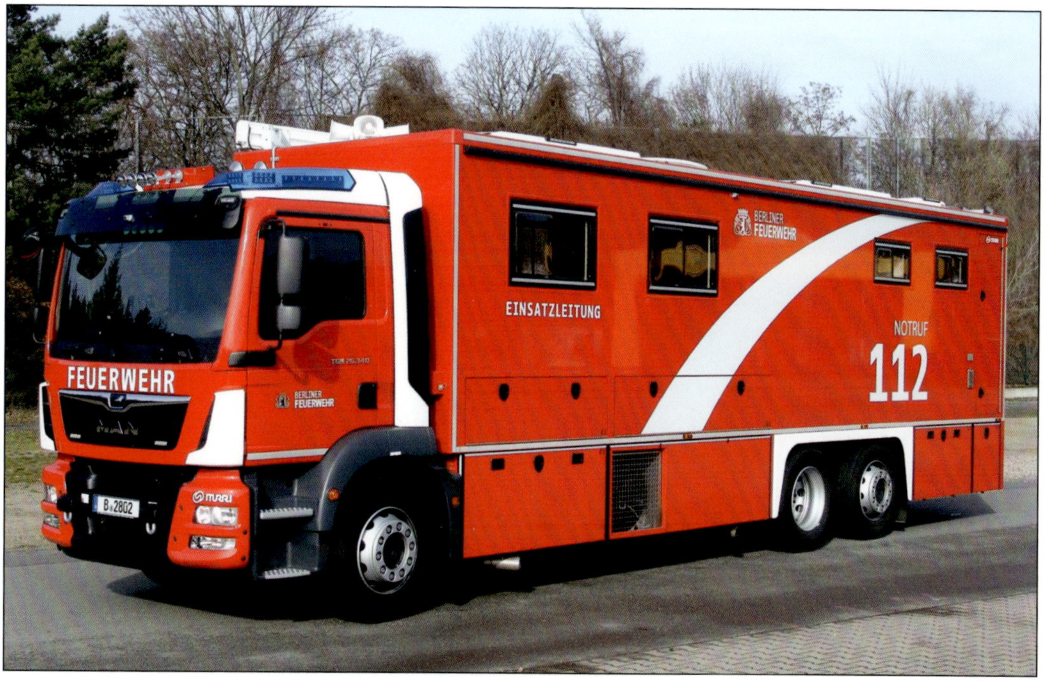

ELW 2 | MAN TGM 26.340 6x2-4 LL | Iturri | 2018 | BF Berlin (hsh)
MAN TGM in dreiachsiger Ausführung werden nur sehr selten für die Feuerwehr aufgebaut. Berlin erhielt drei ELW 2.
MAN TGM triple-axle versions are only very rarely used as fire-fighting vehicles. Berlin received three ELW 2.

RW | MAN TGM 13.290 4x4 BL | Walser | 2016 | FF Kißlegg (klf)
In dem mit 14 Tonnen zugelassenen RW ist ein 50 kVA starker Generator eingebaut. Die Winde zieht 50 kN.
A 50 kVA generator is installed in the Heavy Rescue, which is approved for 14 tons GVV. The winch pulls 50 kN.

FlKfz Geräterüst | MAN TGM 18.290 4x4 BB | Ziegler | 2016 | Fliegerhorstfeuerwehr Laupheim (lw)
Im Rüstwagen der Bundeswehr sind ein 23 kVA Generator und eine Winde mit 50 kN Zugkraft eingebaut.
A 23 kVA generator and a winch with 50 kN tractive force are installed in the Bundeswehr rescue vehicle.

RW | MAN TGS 18.400 4x4 BB | Schlingmann | 2015 | FF Holzminden (klf)
Der Generator leistet 50 kVA. Im Geräteraum im Heck haben vier Rollcontainer Platz.
The generator has an output of 50 kVA. There is space for four roll containers in the equipment room at the rear.

RW-Kran | MAN TGM 18.340 4x4 BB | Lentner | 2018 | FF Dreieich Sprendlingen (jwg)
Der Kran hebt 3,85 Tonnen bei 4 Meter Ausladung. Der Generator leistet 30 kVA, die Winde zieht 8 Tonnen.
The crane lifts 3.85 tonnes at a radius of 4 metres. The generator produces 30 kVA, the winch pulls 8 tons.

GW-A | MAN TGL 10.250 4x2 BL | Iturri | 2019 | FF Greussen (klf)
Die Beladung besteht aus 24 Pressluftatmern, 48 Flaschen, 6 Chemikalienschutzanzügen und Strahlenschutzausrüstung.
The loading consists of 24 breathing apparatus, 48 cylinders, 6 chemical protection suits and radiation protection equipment.

GW-G | MAN TGM 15.290 4x2 LL | Gimaex | 2018 | FF Landshut Löschzug Achdorf (mkg)
Auf der Messe RETTmobil 2018 in Fulda stellte Gimaex das Fahrzeug aus. Im Heck haben drei Rollwagen Platz.
At the 2018 RETT mobil fair Gimaex exhibited the vehicle. In the rear there is space for three roller containers.

GW-Mess | MAN TGM 12.290 4x2 LL | Freytag | 2018 | BF Hannover (jks)
Zur Erkundung, Auswertung und Dokumentation von CBRN-Gefahren kommt der GW-Mess zum Einsatz.
This special equipped MAN TGM is used to investigate, evaluate and document CBRN hazards.

GW-Wasserrettung | MAN TGM 13.290 4x4 BL | Rosenbauer | 2017 | BF Düsseldorf (mkg)
Mit vier Tauchern rückt der Gerätewagen zur Wasser- und Eisrettung aus. Im Mannschaftsraum hängen die Tauchanzüge.
With four divers the truck is deployed for water and ice rescue. The diving suits are hanging in the crew compartment.

GW-Dekon-P | MAN TGM 18.340 4x4 BB | Freytag | 2017 | FF Hagen Löschgruppe Altenhagen-Boelerheide-Eckesey (klf)
55 Gerätewagen zur Dekontamination von Personen lieferte die Firma Freytag in der Euro 6-Ausführung des MAN TGM.
The Freytag company supplied 55 trucks for decontaminating people in the Euro 6 version of the MAN TGM.

GW-Hochwasser | MAN TGM 13.290 4x4 BL | Freytag | 2016 | FF Grasbrunn (klf)

41 Fahrzeuge oder Abrollbehälter für Hochwasser-Einsätze beschaffte der Freistaat Bayern. Dieses war der Prototyp.

Bavaria ordered 41 vehicles or roll-off containers for flood operations. This was the prototype.

GW-L 1 | MAN TGL 8.180 4x2 BB | BTG | 2015 | FF Bonstetten (klf)

Die Staffelbesatzung und die Beladung in Rollcontainern ermöglichen eine Brandbekämpfung wie von einem TSF.

The crew of six fire fighters and the loading in roller containers enable fire fighting like from a TSF.

GW-L 1 | MAN TGM 13.290 4x4 BL | Schmitz Fire & Rescue | 2019 | FF Leuna Ortsfeuerwehr Zöschen-Zweimen (klf)

Die 2018 neu gegründete Firma Schmitz Fire & Rescue führt die 85-jährige Tradition der Firma Schmitz weiter.

The company Schmitz Fire & Rescue, newly founded in 2018, continues the 85-year tradition of the Schmitz name.

GW-L 2 | MAN TGM 18.290 4x4 BB | BTG | 2015 | FF Spreetal Ortswehr Neustadt / Spree (klb)
Für die Wasserförderung ist der GW-L 2 beladen. Die Ladebordwand ist für das Auslegen der Schlauchleitung zweigeteilt.
The GW-L 2 is loaded for water pumping. The tail lift is divided into two parts for laying out the hose line.

GW-L 2 | MAN TGM 13.290 4x4 BL | TST | 2018 | FF Heusweiler Löschbezirk Eiweiler (klf)
Der erste Gerätewagen-Logistik, den TST Fahrzeugbau in Heusweiler baute, ging an die ortsansässige Feuerwehr.
The first vehicle for logistic purpose built by TST Fahrzeugbau in Heusweiler went to the local fire department.

LKW | MAN TGM 13.290 4x4 BL | Glück | 2018 | FF Gräfelfing (klf)
Hersteller des Aufbaus ist die ortsansässige Firma Glück. Platz auf der Ladefläche ist für neun Rollcontainer.
Manufacturer of the body is the local company Glück. There is space on the loading area for nine roller containers.

GW-T | MAN TGM 13.250 4x4 BL | Hensel | 2016 | FF Kressbronn (klf)
GW-Transport ist die in Baden-Württemberg übliche Bezeichnung für einen Lastwagen zum Nachschub von Einsatzgeräten.
GW-Transport is the usual Baden-Württemberg term for a truck for replenishing emergency equipment.

GW-L 2 | MAN TGM 13.290 4x4 BL | Lentner | 2018| FF Allershausen (klf)
Der Mannschaftsraum mit vier Plätzen ist im Aufbau integriert. Eingebaut ist ein Generator mit 30 kVA Leistung.
The crew compartment with four seats is integrated in the superstructure. A generator with 30 kVA power is installed.

LKW | MAN TGX 18.420 4x2 LL | MAN Individual | 2018 | BF Frankfurt (klf)
Für die Fahrschule nutzt die BF Frankfurt den Lastwagen mit Wechselbrücken. Der Anhänger ist von Fliegl.
For the driving school BF Frankfurt uses the truck with swap bodies. The carrier frame was assembled by MAN Individual.

SW-KatS | MAN TGM 13.250 4x4 BB | Freytag | 2016 | FF Bottrop-Feldhausen (heb)
121 Schlauchwagen wurden gebaut für den Katastrophenschutz. 2000 Meter B-Schlauch sind auf der Ladefläche.
121 hose reel units were built for civil protection. 2000 meters of B-hoses (Ø 75 mm) are on the loading area.

MTW | MAN TGE 3.180 | Eigenausbau | 2019 | FF Seesen Ortsfeuerwehr Bornhausen (wwb)
Der Mannschaftswagen wird mit Messtechnik und Atemschutzgeräten auch als Gefahrgut-Messfahrzeug genutzt.
The Minibus is also used as a hazardous goods measurement vehicle with measurement technology and breathing apparatus.

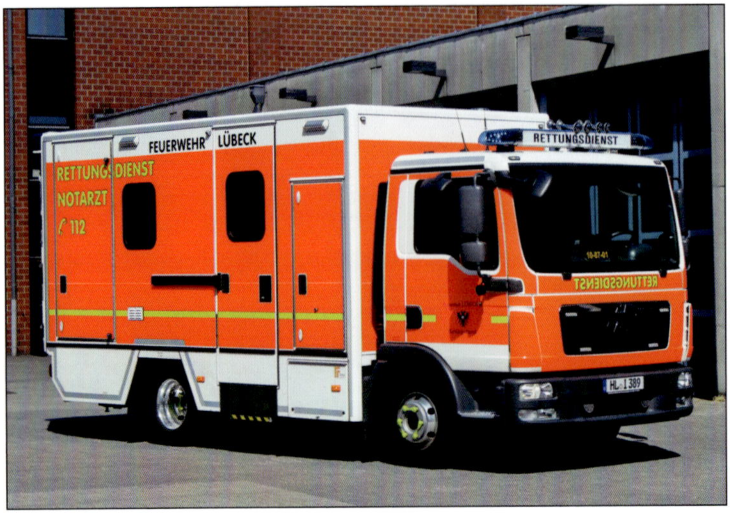

Schwerlast-RTW | MAN TGL 8.220 4x2 BL | Fahrtec | 2016 | BF Lübeck (bgw)
Für den Transport schwergewichtiger Patienten ist zum Einladen der 400 kg-Krankentrage am Heck eine Ladebordwand.
For the transport of heavy-weight patients, a tail lift is provided at the rear for loading the 400 kg stretcher.

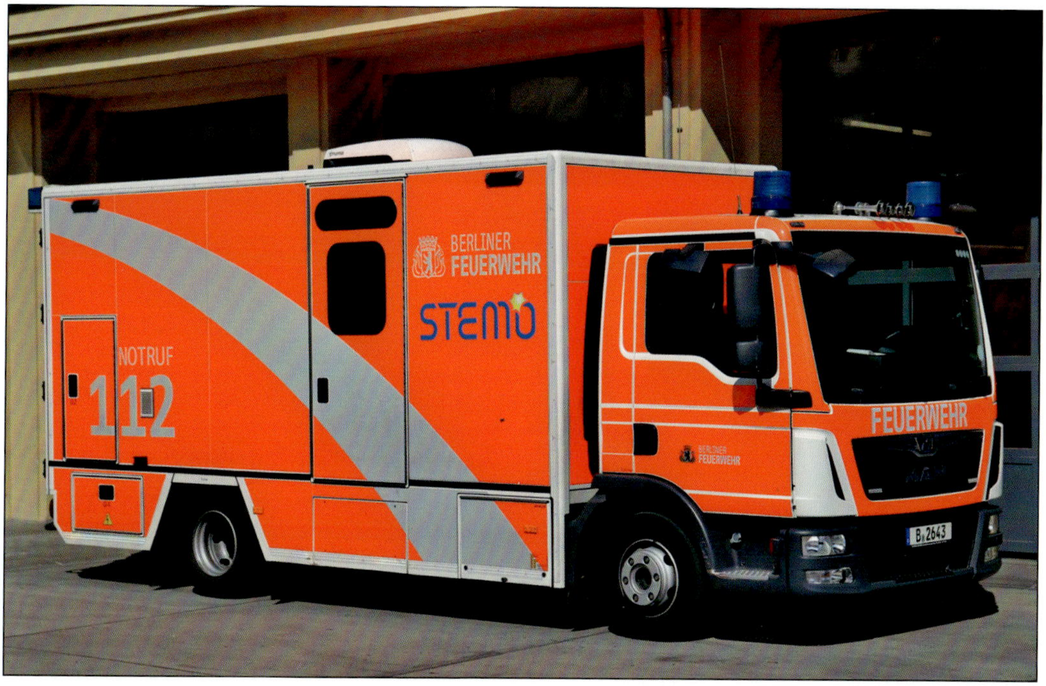

NEF STEMO | MAN TGL 12.250 4x2 BL | Fahrtec | 2016 | BF Berlin (mkg)
STEMO bedeutet Stroke-Einsatz-Mobil zur Frühbehandlung von Schlaganfällen. Dafür ist ein Computertomograph eingebaut.
STEMO means Stroke mobile for early treatment of strokes. A computer tomograph is installed for this purpose.

GW-San | MAN TGL 12.220 4x2 BB | WAS | 2015 | BF Berlin (mkg)
Der Gerätewagen Sanität kommt bei einem Massenanfall von Verletzten zum Einsatz.
This truck is used in the event of a mass casualty incident. It transports material to care for injured people.

DEFENCE FIRE & RESCUE SERVICE
SENNELAGER
MAN
GE 45 AB

MAN HX IN DER SENNE

Das ist der Truppenübungsplatz Senne bei Paderborn, den die britischen Streitkräfte seit Jahrzehnten nutzen: 116 Quadratkilometer Nadelwald, Heide, Sumpfflächen und Grünland. Für die Brandbekämpfung im Gelände setzt der Army Defence Fire & Rescue Service Sennelager zwei geländegängige MAN 18.330 4x4 BB aus der HX-Baureihe ein. Sie stammen aus dem größten Auftrag, den MAN bislang erhielt. Bei dem MoD (Ministery of Defence) genannten Projekt bestellte das britische Militär 7415 Lastwagen in zwei-, drei- und vierachsiger Ausführung. Der Großteil der Flotte fällt in die Kategorie Medium Mobility. Das sind Lastwagen aus der blattgefederten MAN HX-Serie. Ihre Produktion erfolgte von 2006 bis 2013 im MAN-Werk in Wien.

Von der zivilen MAN TGA-Baureihe stammt der verwindungsarme Leiterrahmen mit genieteten und geschraubten Querträgern. Vorne schließt er mit dem typischen schrägen stählernen Rammschutz ab. Charakteristisches Merkmal der meisten MAN-Militärfahrzeuge ist das sogenannte Modulare Fahrerhaus. Funktionalität stand bei seiner Entwicklung im Fokus: Gerade Bleche lassen sich leicht reparieren, vertikale plane Schieben vermindern Lichtreflexionen und sind einfach austauschbar. Die typischen Schrägen zum Dach kommen von den Vorgaben für die Bahnverladbarkeit, um Kollision mit den Wänden in Eisenbahntunneln zu verhindern. Daher steckt die Klimaanlage in einem abnehmbaren Kasten auf dem Dach der rechtsgelenkten hydraulisch kippbaren Kabine. Hinter dem Fahrerhaus befinden sich links das Motorkühlsystem und die Abgasanlage sowie rechts das Ersatzrad mit einer hydraulischen Hubvorrichtung. Der im HX60 eingebaute 6-Zylinder-Motor aus der D08 CommonRail-Baureihe leistet 326 PS bei 1900 U/min. Er erfüllt die Abgasnorm Euro 4. Gekoppelt ist der Motor mit dem automatisierten Getriebe MAN TipMatic mit zwölf Vorwärts- und zwei Rückwärtsgängen.

Die beiden MAN stammen aus der 2007 gelieferten ersten Serie der SVCL Support Vehicle Cargo Light 6 Tonne 4x4. Ihre erste Verwendung hatten sie als Lkw bei der Kraftfahrerschulung anlässlich der Umstellung der britischen Militärfahrzeugflotte auf MAN. 2011 kamen sie zur Militärfeuerwehr als Waldbrandtanklöschfahrzeuge TLF 5000. Dafür setzte man von den beiden Vorgängerfahrzeugen Bedford TM 4x4 die von der britischen Firma Marshall gefertigten Feuerwehraufbauten mit einem Löschwasserbehälter für max. 5000 Liter Wasser um. Auf der Plattform am Heck steht eine Tragkraftspritze Godiva GP1600, das entspricht einer TS 16/8. An ihr ist der Schnellangriffsschlauch angekuppelt, mit dem eine Einsatzkraft vom fahrenden Fahrzeug aus auf dem Truppenübungsplatz das Feuer in der Bodenvegetation bekämpft. Die Beladung besteht aus Motorsäge, Bolzenschneider, Spaten, Axt, Säge, Verkehrsabsicherungsmaterial und Seilen.

Summary

British Army Defence Fire & Rescue uses two MAN 18.330 4x4 BB from the HX series on the military training area Sennelager near the German town Paderborn. The Ministry of Defence ordered 7415 trucks from MAN. The majority of the fleet falls into the Medium Mobility category. They were produced at the MAN plant in Vienna from 2006 to 2013. The low-torsion ladder frame comes from the civilian MAN TGA series. A characteristic feature of most MAN military vehicles is the cab with its repair-friendly straight panels. Vertical flat slides reduce light reflections and are easy to replace. The 6-cylinder engine installed in the HX60 develops 326 hp. It complies with the Euro 4 emissions standard.

The two MANs come from the first series of the SVCL Support Vehicle Cargo Light 6 tonne 4x4 delivered in 2007. Until 2011 they were used for training drivers on the new trucks. Then they joined the fire brigade as TLF 5000 forest fire-fighting tankers, using used bodies manufactured by the British company Marshall with a tank holding 5000 litres of water. On the platform at the rear is a Godiva GP1600 portable fire pump. The attack hose is coupled to it, with which a firefighter from a moving vehicle on the military training area can fight fires in the ground vegetation or in the forest.

Das Army Defence Fire & Rescue Service Sennelager setzt auf dem britischen Truppenübungsplatz Senne zwei MAN der HX-Baureihe als Waldbrand-TLF 5000 ein. (klf)
The Army Defence Fire & Rescue Service Sennelager are deploying two MANs of the HX series as forest fire Tanker TLF 5000 on the British military training area Sennelager.

Das 2007 gebaute Fahrgestell ist ein rechtsgelenkter MAN HX 18.330 4x4 BB aus dem größten Auftrag, den MAN bislang erhielt. Das Britische Ministery of Defence bestellte 7415 Lastwagen. (klf)
The chassis built in 2007 is a right-hand drive MAN HX 18.330 4x4 BB from the largest order MAN has ever received. The British Ministry of Defence ordered 7415 trucks.

Den Aufbau stellte die britische Firma Marshall her. Man setzte ihn 2011 von den Vorgängerfahrzeugen auf die Pritsche des MAN um. (klf)

The British company Marshall manufactured the body. In 2011, it was moved from the predecessor vehicles to the MAN flatbed.

Der Tank fasst 5000 Liter Wasser. Auf der Plattform am Heck steht eine Tragkraftspritze. Von dort kann man während langsamer Fahrt löschen. (klf)

The tank holds 5000 litres of water. On the platform at the rear there is a portable pump. From there you can extinguish fire during driving slowly.

FEUERWEHR
MAN
PAF SI 441
112
Ziegler
Singenbach

MAN TGE: EIN NEUER SPIELER AUF DEM FELD

Das ist kein Van. Das ist ein MAN. Mit diesem Slogan feierte der MAN TGE auf der Nutzfahrzeugmesse IAA 2016 seine Weltpremiere. Mit dem MAN TGE betrat MAN erstmals die Bühne der Transporterwelt und mauserte zum Full-Range-Anbieter ab drei Tonnen. Die auf Kommunalfahrzeuge spezialisierten MAN-Verkäufer haben nun die passenden Fahrgestelle für Einsatzfahrzeuge vom Mannschaftstransporter bis zum Großtanklöschfahrzeug im Angebot. Als Gemeinschaftsentwicklung von Volkswagen Nutzfahrzeuge und MAN Truck & Bus entstanden der neue VW Crafter und der MAN TGE. MAN brachte hierbei seine Kompetenz im Aufbaumanagement und die Kenntnis der Branchen aus dem Lastwagengeschäft ein. Denn jedes Fahrgestell, das bei MAN vom Band rollt, braucht einen branchenspezifischen Aufbau, um seiner Bestimmung gerecht zu werden. Das sieht man auch an der Aufteilung der Varianten, in denen der MAN TGE zur Auslieferung kommt. Etwa ein Drittel sind Fahrgestelle mit Einfach- oder Doppelkabine, die anschließend mit einem Aufbau versehen werden. Beim VW Crafter liegt der Anteil der Kastenwagen höher als beim MAN TGE. Für MAN spricht auch das nutzfahrzeugtypisch dichte Netz an Servicewerkstätten, das an die Bedürfnisse der gewerblichen und kommunalen Kunden mit einer schnellen Auftragsabwicklung ausgerichtet ist.

Für die Produktion des VW Crafter und des baugleichen MAN TGE legte VW im Jahr 2014 bei Września, etwa 50 Kilometer östlich von Poznań, den Grundstein für eine komplett neue Fabrik. Sie umfasst Hallen für den Karosseriebau und die Fahrzeugmontage, eine Lackiererei und einen Lieferantenpark mit Logistikflächen. Bereits im Januar 2017 lief dort die Fertigung an. Stück für Stück wuchs die Variantenvielfalt des MAN TGE, bis MAN auf der Messe Bauma 2019 mit dem TGE 6.180 die mit 5,5 Tonnen zulässigem Gesamtgewicht schwerste Ausführung vorstellen konnte.

ELW | MAN TGE 5.180 | Binz | 2019 | FF Cuxhaven-Mitte (bgw)
Diesen ELW mit Kofferaufbau stellte Binz auf der Messe RETTmobil 2019 aus.
Binz exhibited this Command Car with box body at the RETTmobil fair 2019.

Reichhaltiges Produktportfolio

Zwei Radstände, drei Fahrgestelllängen, sieben Gesamtgewichte, drei Höhen der Kastenwagen, drei Antriebsformeln, fünf Ausführungen, vier Motorleistungen, zwei Getriebevarianten – die Variantenvielfalt des MAN TGE ist kaum zu überblicken. Allerdings verhindern vor allem technische Zwänge, dass sich Alles mit Allem frei kombinieren lassen würde. Der Reihe nach:

- Radstände: 3,64 m und 4,49 m
- Fahrgestelllängen: Standard 5,96 m, Lang 6,83 m und Extralang 7,22 m
- Zulässige Gesamtgewichte: 3000 kg, 3250 kg, 3500 kg, 3880 kg, 4000 kg, 5000 kg, 5500 kg
- Höhen: Kastenwagen und Kombi mit Normaldach 2,36 m, mit Hochdach 2,59 m und mit Superhochdach 2,80 m
- Antriebsformel: Frontantrieb für 3,0 bis 4,0 t, Heckantrieb für 3,5 bis 5,5 t, Allradantrieb für 3,0 bis 4,0 t
- Ausführungen: Kastenwagen, Kombi, Fahrgestell mit Einzelkabine, Fahrgestell mit Doppelkabine, Windlauf (Fahrerhaus ohne Rückwand)
- Motorleistungen: 102 PS (75 kW), 122 PS (90 kW), 140 PS (103 kW), 177 PS (130 kW)
- Getriebe: 6-Gang-Schaltgetriebe, 8-Gang-Automatikgetriebe

Die Motorenbaureihe EA288nutz findet sich im VW T6, im VW Crafter und im MAN TGE. Der 4-Zylinder-Reihenmotor mit einem Hubraum von 1968 cm^3 kam in Europa in vier Leistungsstufen auf den Markt. Quer steckt die Antriebseinheit aus Motor und Getriebe bei Front- und Allradantrieb unter der kurzen Motorhaube. Für den Heckantrieb auf die einzeln- oder zwillingbereifte Hinterachse ist der Motor längs eingebaut. Nur in dieser Ausführung stehen den Aufbauherstellern getriebeseitige Nebenabtriebe am Schaltgetriebe zur Verfügung, beispielsweise zum Antrieb einer Hydraulikpumpe, eines Generators oder einer Feuerlöschpumpe.

Die bei Feuerwehren bevorzugt beschafften MAN TGE 4x4 fahren im Normalbetrieb mit Frontantrieb. Erst wenn die Elektronik an der Vorderachse Traktionsprobleme erkennt, schaltet in 0,084 Sekunden die elektro-hydraulisch geregelte Allradkupplung die Hinterachse dazu und verteilt die Antriebskraft situationsgerecht von 0 bis 100 Prozent zwischen Vorder- und Hinterachse. Den Allrad-MAN TGE gibt es mit dem 140 PS und dem 177 PS starken Motor sowie in der Gewichtsspanne von 3,0 bis 4,0 Tonnen zulässigem Gesamtgewicht.

Sehr umfangreich fällt der Katalog der verfügbaren Fahrerassistenzsysteme aus. Ob abstandsgeregelter Tempomat, City-Notbremsfunktion, Müdigkeitserkennung, Fernlichtassistent, Multikollisionsbremse, Spurhalteassistent, Totwinkelerkennung, Parklenkassistent, Anhängerrangierassistent, Berganfahrhilfe oder Verkehrszeichenerkennung, die

MTW | MAN TGE 3.180 4x4 | Würstle | 2018 | FF Aitrach (klf)
Für die Ausführung mit Hochdach entschied sich die FF Aitrach bei der Beschaffung des MTW. Das zulässige Gesamtgewicht liegt wegen der Führerscheine Klasse B bei 3,5 Tonnen.
The Vol. Fire Dept. Aitrach decided to use a high roof when purchasing the Minibus. The permissible total weight is 3.5 tons because of the driving licence class B.

Auswahl ist groß. Manche sind bauartbedingt nur für Kastenwagen oder Kombi wählbar wie Seitenwindassistent oder 360°-Parksystem mit Flankenschutz. Serienmäßig für die Sicherheit gehört der Notbremsassistent immer zum MAN TGE.

Ausbau im BMC Plauen

Das MAN Bus Modification Center (BMC) in Plauen hat sich auf die Realisierung individueller Kundenwünsche spezialisiert. Dafür ist es als Premium-Partner von Volkswagen Nutzfahrzeuge zertifiziert. Seit April 2017 gehören Umbauten des MAN TGE zum Portfolio. Bis zum Jahresende 2019 waren es bereits 500 MAN TGE, die das BMC durchlaufen haben. Kastenwagen und Kombi erhalten ein Bodensystem mit Airline-Schienen zur Befestigung von Sitzen und Einbauten. Die Einzelsitze stehen auch mit Armlehnen und Rückenlehnenverstellung zur Wahl. Sie können bedarfsgerecht für MTW, MZF und ELW als zwei oder drei nebeneinander in maximal drei Reihen oder gegenüberstehend angeordnet werden. Des Weiteren bietet das BMC eine Verkleidung des Innenraums, die Anbringung zusätzlicher Wärme- und Schallschutzisolierung und die Montage einer automatisch ausfahrenden Trittstufe beim Öffnen der Schiebetüre an. Die MAN TGE für Feuerwehren erhalten je nach Auftragsumfang entweder nur den Boden oder auch Sitze in Plauen und gehen dann zum weiteren Ausbau an Karosseriebaubetriebe und Feuerwehrausrüster. Oder das Einsatzfahrzeug wird in Plauen komplettiert mit Sondersignalanlage, Beklebung und Innenausbau und bekommt die gewünschte Lackierung der Stoßstangen und Rammleisten. Den ersten komplett vom BMC für eine Feuerwehr gefertigten MTW erhielt Anfang 2019 die FF Straßlach.

MAN TGE im Einsatz

Kastenwagen, Kombi und die Fahrgestelle mit Einfach- und Doppelkabine im Tonnagebereich von 3,0 bis 5,5 Tonnen eignen sich für eine große Vielfalt an Einsatzfahrzeugen. Beispiele sind Einsatzleitwagen ELW, Gerätewagen GW, Kleinlöschfahrzeuge KLF, Krankentransportwagen KTW, Mannschaftstransportwagen MTW, Mehrzweckfahrzeuge MZF, Rettungswagen RTW, Schlauchwagen SW oder Tragkraftspritzenfahrzeuge TSF.

MTW | MAN TGE 3.140 | Eigenausbau | 2019 | FF Rödermark Ober-Roden (klf)
Für acht Einsatzkräfte ist der MTW vorgesehen. Vorne sitzen Fahrer und Beifahrer, hinten sind zwei Reihen mit je drei Sitzen.
The Minibus is intended for eight firefighters. In the front are driver and passenger, in the back two rows with three seats each.

Der Kleinbus stellt die Ausgangsbasis zum Ausbau von MTW und ELW dar. Diese Ausführung fehlt im Produktionsprogramm bei Volkswagen. Daher entstehen in Września Kombis, also Kastenwagen mit Verglasung und das Bus Modification Center (BMC) von MAN in Plauen hat sich beim MAN TGE sowie beim VW Crafter auf die Montage eines Bodens mit Airline-Schienensystem zur Fixierung von Sitzen und Einbauten spezialisiert.

Soll der ELW eine Nummer größer ausfallen, bietet sich ein Kofferaufbau an, ähnlich zu einem Rettungswagen. Einen solchen ELW 1,5 für die Feuerwehr Cuxhaven stellte Binz auf der Messe RETTmobil 2019 in Fulda aus. Der Kofferaufbau gliedert sich in drei Abschnitte: Vorne ist der Funkraum mit zwei Arbeitsplätzen, dahinter folgt der Besprechungsraum mit vier Sitzplätzen. Breite Doppelflügeltüren öffnen den Geräteraum im Heck.

Als Fahrgestell für TSF hat sich entsprechend der Vorgabe der DIN mit der Massenklasse LI (3,0 bis 4,75 t) der MAN TGE 5.180 mit 4,5 Tonnen zulässigem Gesamtgewicht herausgestellt. Bislang sind auf dem Fahrgestell mit Doppelkabine und zwillingsbereifter Hinterachse als Aufbauhersteller die Firmen ADIK, Furtner & Ammer und Ziegler in Erscheinung getreten. Die ersten Auslieferungen erfolgten im ersten Halbjahr 2019. In der früher üblichen Bauform des Kastenwagen hat Rosenbauer in seiner CL-Baureihe ein TSF auf Anforderung der FF Neukirchen ausgebaut.

Aus Portugal und dem Vatikanstaat sind die ersten Löschfahrzeuge auf MAN TGE bekannt geworden. Im Sommer 2019 lieferte die portugiesische Firma Jacinto ein VLCI (Veiculo Ligeiro de Combate a Incendios) an die Feuerwehr Odivelas in der Agglomeration Lissabon. Als Vorausfahrzeug rückt es mit fünf Einsatzkräften aus. Dafür sind anstelle der hinteren Sitzbank drei Atemschutzplätze eingebaut. Einen MAN TGE erhielt die Feuerwehr des Vatikanstaates von MAN Truck & Bus gespendet. Papst Franziskus segnete den von der italienischen Firma BAI aufgebauten MAN TGE 6.180. Das Vorauslöschfahrzeug mit 550 Liter Wasser und 50 Liter Brandschutz sichert unter anderem die Flugbewegungen auf dem in der Vatikanstadt liegenden Hubschrauberlandeplatz ab.

MTW | MAN TGE 3.180 4x4 | Würstle | 2019 | FF Baindt (klf)
Für eine Vielfalt an Aufgaben konzipierte die FF Baindt ihren MTW: für die Führung des Funkverkehrs an der Einsatzstelle, den Transport der Jugendfeuerwehr und als Zugfahrzeug für einen Logistikanhänger.
The Vol. Fire Dept. Baindt designed its Minibus for a variety of tasks: for the management of radio traffic at the scene, the transport of the youth fire brigade and as towing vehicle for a logistics trailer.

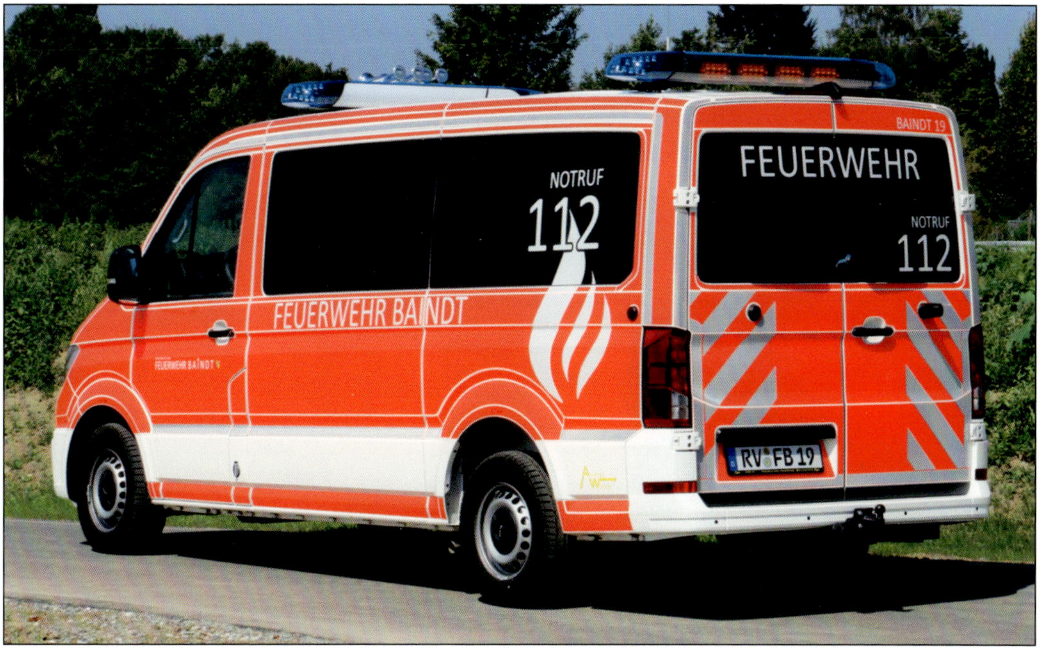

Im Laderaum des 9-Sitzers befinden sich Verkehrswarngeräte, Warnwesten, Pulverlöscher und ein Werkzeugkoffer. (klf)
In the cargo area of the 9-seater there are traffic warning devices, warning vests, powder extinguishers and a tool box.

Summary

That's not a van. That's a MAN. With this slogan, the MAN TGE celebrated its world premiere at the IAA 2016 commercial vehicle fair. This was MAN's first appearance on the stage of the van world and it has become a full-range supplier for vehicles weighing three tonnes and more. The new VW Crafter and the identical MAN TGE were developed jointly by Volkswagen Nutzfahrzeuge and MAN Truck & Bus. MAN contributed its expertise in body management and its knowledge of the truck business. In 2014 VW laid the foundation stone for a completely new factory at Września in Poland, about 50 kilometres east of Poznań. Production started there as early as January 2017.

Two wheelbases, three chassis lengths, seven gross weights, three heights of panel van, three drive formulae, five versions (panel van, estate, chassis with single and crew cab, chassis with cab without rear wall), four engine outputs, two transmission variants - the MAN TGE's diversity of variants is hard to overlook. However, technical constraints in particular prevent the free combination of everything with everything else.

The 4-cylinder in-line engine with a cubic capacity of 1968 cm^3 was launched in Europe in the four performance levels 102 hp, 122 hp, 140 hp and 177 hp. The drive unit consisting of engine and transmission is mounted crosswise for front-wheel and four-wheel drive. For rear-wheel drive on the single or twin-tyred rear axle, the engine is installed longitudinally.

The MAN TGE 4x4s preferred by fire brigades are front-wheel drive in normal operation. Only when the electronics on the front axle detect traction problems does the electro-hydraulically controlled all-wheel drive clutch engage the rear axle in 0.084 seconds. The all-wheel drive MAN TGE is available with 140 hp and 177 hp engines and with a gross vehicle weight of 3.0 to 4.0 tonnes.

The MAN Bus Modification Center (BMC) in Plauen has specialized in the realization of individual customer requirements. The minibus is the starting point for the equipment of Minibus and Command car. This version is missing in the production program at Volkswagen. For this reason, Września produces station wagons, i.e. panel vans with glazing, and the BMC installs a floor with airline rails for fixing seats and fittings. Furthermore, BMC offers interior panelling with additional heat and sound insulation and the installation of an automatically extending step when the sliding door is opened.

MTW | MAN TGE 3.180 4x4 | BMC | 2019 | FF Straßlach (klf)
Das erste komplett vom MAN Bus Modification Center (BMC) in Plauen aufgebaute Feuerwehrfahrzeug auf MAN TGE erhielt die FF Straßlach.
The first fire engine on MAN TGE completely completed by the MAN Bus Modification Center (BMC) in Plauen was delivered to Vol. Fire Dept. Straßlach.

Montageschienen auf dem Dach geben Aufbauten wie der Sondersignalanlage Halt. Am Heck gleichen sie den aus aerodynamischen Gründen leicht abfallenden Dachverlauf aus. (klf)
Mounting rails on the roof give support to superstructures such as the emergency signal system. At the rear, they compensate for the slightly sloping roof for aerodynamic reasons.

Die FF Baindt entschied sich bei ihrem MTW, die Einzelsitze gegenüber zu positionieren. Der im MAN Bus Modification Center BMC eingebaute Boden mit Airline-Schienen ermöglicht diese Flexibilität. (klf)
The Vol. Fire Dept. Baindt decided to position the individual seats of their Minibus opposite each other. The floor with airline rails installed in the MAN Bus Modification Center allows this flexibility.

In dem MTW der FF Aitrach sind im Mannschaftsraum die Einzelsitze in drei Reihen 2+2+3 angeordnet. (klf)
In the Minibus of the Vol. Fire Dept. Aitrach the individual seats are arranged in three rows 2+2+3 in the crew compartment.

Die Firma Andreas Würstle in Wolpertswende baute den MTW der FF Aitrach aus mit Trenngitter, Verkleidungen und Gerätehalterungen. (klf)

The company Andreas Würstle in Wolpertswende equipped the Minibus of the Vol. Fire Dept. Aitrach with separating grids, claddings and equipment holders.

TSF | MAN TGE 5.180 | ADIK | 2019 | FF Pfaffenreuth (heb)

Als passendes Fahrgestell für TSF hat sich der MAN TGE 5.180 mit Zwillingsbereifung an der Hinterachse für 4,5 Tonnen Gesamtgewicht herausgestellt.

The MAN TGE 5.180 with twin tyres on the rear axle for 4.5 tonnes gross vehicle weight has proved to be a suitable basis for TSF.

TSF | MAN TGE 5.180 | Furtner & Ammer | 2019 | FF Binabiburg (klf)
Im zweiten Quartal 2019 hat die im bayerischen Landau/Isar ansässige Firma Furtner & Ammer ihre ersten drei TSF an Feuerwehren in Bayern auf MAN TGE ausgeliefert.
In the second quarter of 2019, Furtner & Ammer, based in Landau/Isar, Bavaria, delivered its first three TSFs to Volunteer fire brigades in Bavaria on MAN TGE.

Anstelle der leeren Container kann ein Wassersauger verladen werden. Schlauchmaterial und wasserführende Armaturen befinden sich auf der linken Seite. Schlauchbrücken liegen im Kasten. (klf)
A water vacuum cleaner can be loaded instead of the empty containers. Hose material and water-bearing fittings are located on the left-hand side. Hose bridges are in the box.

Über der 2013 beschafften Tragkraftspritze ZL 1500 von PF Johstadt lagern die Saugschläuche. Rechts sind 6,5 kVA Stromerzeuger, Feuerlöscher, Kettensäge, Tauchpumpe, Scheinwerfer, Verkehrswarngeräte und Ölbinder untergebracht. (klf)

The suction hoses are stored above the ZL 1500 portable pump from PF Johstadt, which was purchased in 2013. On the right are 6.5 kVA power generator, fire extinguisher, chain saw, submersible pump, headlights, traffic warning devices and oil binder.

TSF | MAN TGE 5.180 | Ziegler | 2019 | FF Singenbach (klf)
Die Firma Ziegler verkündete im Februar 2019 in einer Pressemeldung, dass sie in ihrem Werk Rendsburg das erste TSF auf einem MAN TGE aufgebaut haben.
In February 2019, the Ziegler company announced in a press release that they had built the first TSF on a MAN TGE at their Rendsburg plant.

Der von Hand hochzuschiebende Lichtmast ist mit zwei LED-Scheinwerfern bestückt. 6 C-Schläuche, Feuerlöscher, Verkehrswarngeräte, Schlauchbrücken, Werkzeugkasten, Äxte, Schaufel und Besen lagern auf der rechten Seite. (klf)
The light mast, which can be pushed up by hand, is equipped with two LED spotlights. 6 C-hoses, fire extinguisher, traffic warning devices, hose bridges, toolbox, axes, shovel and broom are stored on the right-hand side.

10 B-Schläuche und 6 C-Schläuche sind links verstaut. Der große Behälter ist für nasse Schläuche oder verdreckte Ausrüstungen. Die vier Steckleiterteile lagern auf dem Dach. Zur Entnahme gibt es links und rechts die Auftritte. (klf)
10 B-hoses and 6 C-hoses are stowed on the left. The large container is for wet hoses or dirty equipment. The four ladder sections are stored on the roof. For removal there are treads on the left and right.

TSF | MAN TGE 5.180 | Rosenbauer | 2019 | FF Neukirchen (klf)
Für die früher bei TSF übliche Bauweise des Kastenwagens entschied sich die FF Neukirchen. Der Ausbau erfolgte bei Rosenbauer in Österreich.
The FF Neukirchen decided on the construction of the panel van, which used to be common practice at light fire trucks. The construction of the interior was carried out by Rosenbauer in Austria.

Die vier Steckleiterteile liegen auf einer mechanischen Entnahmehilfe, die nach hinten gezogen und abgeklappt wird. (klf)
The four connectable ladder sections lie on a mechanical removal aid which is pulled back and folded down.

Auf drei Auszügen fanden Armaturen und Schaummittelkanister, mittig die ebenfalls neu beschaffte Tragkraftspritze PFPN 10-1000 von Magirus sowie rechts der 3,5 kVA Stromerzeuger Platz. (klf)
On three pull-outs there was space for fittings and foam concentrate canisters, in the middle the newly purchased portable pump PFPN 10-1000 from Magirus and on the right the 3.5 kVA power generator.

Das großzügige Platzangebot für die Mannschaft und die Geräteentnahme aus dem Innenraum gaben den Ausschlag zur Beschaffung des Kastenwagens. (klf)
The generous space available for the crew and the removal of equipment from the interior tipped the scales in favour of the panel van.

VLF 550 | MAN TGE 6.180 | BAI | 2019 | Vigili Del Fuoco Stato della Cittá del Vaticano (man)
Mit dem Segen von Papst Franziskus: Das Vorauslöschfahrzeug der Feuerwehr des Vatikans führt 550 Liter Wasser und 500 Liter Schaummittel mit.
With the blessing of Pope Francis: The light tanker of the Vatican fire brigade carries 550 litres of water and 500 litres of foaming agent.

VLF 500 | MAN TGE 5.180 | Jacinto | 2019 | Bombeiros Voluntários Odivelas (smc)
Als Ersteinsatzfahrzeug hat die portugiesische Feuerwehr den TGE mit 500 Liter Wasser, Pumpe von Hale, drei Atemschutzgeräten in der Kabine, Stromerzeuger und hydraulischem Rettungssatz ausgerüstet.
As a first response vehicle the Portuguese fire brigade has equipped the MAN TGE with 500 litres of water, pump from Hale, three breathing apparatus in the cabin, power generator and hydraulic rescue kit.

GW-Brandschutzerziehung | MAN TGE 3.180 | Freytag | 2018 | FF München (klf)
Dieser MAN TGE 3.180 gilt als der erste MAN TGE bei einer deutschen Feuerwehr. Die FF München nutzt den Kastenwagen für die Prävention und Öffentlichkeitsarbeit.
This MAN TGE 3.180 is regarded as the first MAN TGE to be used by a German fire brigade. The Vol. Fire Dept. Munich uses the panel van for prevention and public relations work.

RTW | MAN TGE 5.180 | Fahrtec | 2019 | BF Berlin (hsh)
Die ersten MAN TGE bei der Berliner Feuerwehr waren im Herbst 2019 drei RTW. Die Aufbauten von Fahrtec erhielten eine neue Innenraumaufteilung.
The first MAN TGE at the Berlin Fire Department were three Ambulances in autumn 2019. The bodies from Fahrtec received a new interior layout.

FEUERWEHR
112
44/1
FEUERWEHR
MAN
ROD FD 112

ZWEI SEHR VERSCHIEDENE TSF-L – ABER EIN HERSTELLER

Der eine sieht aus wie ein TSF-W. Und ist es doch nicht. Erst auf den zweiten Blick fällt auf, dass der hintere Rollladen der Geräteräume G3 und G4 länger ist und dass rechtsseitig in der Seitenverkleidung die Bedienung für eine Ladebordwand steckt. Der andere sieht mit seinem Kofferaufbau aus wie ein GW-L 1. Und ist es doch nicht. Die Unterschiede fallen erst auf, wenn man die Rollläden öffnet und die Beladung sieht. Die Lösung: es handelt sich um zwei Tragkraftspritzenfahrzeuge-Logistik (TSF-L). Beide Fahrzeuge stehen seit 2019 bei Freiwilligen Feuerwehren in Bayern auf MAN TGL im Einsatzdienst. Das eine bei der FF Dieberg in der Gemeinde Walderbach im Landkreis Cham, das andere bei der FF Ettling in Markt Pförring im Landkreis Eichstätt.

Das TSF-L ist eine bayerische Eigenheit. Erstmalig veröffentlichte das damalige Bayerische Staatsministerium des Inneren für Bau und Verkehr im April 2015 eine Baubeschreibung für diesen Typ, die im Herbst 2018 durch das jetzige Bayerische Staatsministerium des Inneren und für Integration leicht überarbeitet wurde. Das TSF-L hat das TSF zur Grundlage. Es ist ein handelsübliches Fahrgestell mit Doppelkabine für sechs Einsatzkräfte, das vorrangig über Straßenantrieb verfügt. Als maximale Gesamtmasse legt die Baubeschreibung 8000 Kilogramm fest. Allerdings ermöglicht die Beschränkung auf 7,49 Tonnen das Lenken mit dem früheren Pkw-Führerschein der Klasse 3 oder mit dem Feuerwehrführerschein. Die ständig mitgeführte Beladung einschließlich der Tragkraftspritze PFPN 10-1000 muss in einem festen Kofferaufbau untergebracht werden. Zusätzlich befindet sich im hinteren Teil eine Ladefläche im Aufbau, alternativ darf dieser Teil auch als Pritsche mit Plane und Spriegel ausgeführt sein. Der Platz muss für mindestens zwei Rollwagen oder zwei Europaletten ausreichen. Eine Ladebordwand mit mindestens 750 Kilogramm Tragfähigkeit erleichtert das Be- und Entladen.

Die FF Ettling setzt seit 2018 ein TSF-L ein, das Ziegler in Rendsburg auf einem MAN TGL 8.220 4x2 BB aufbaute. Der pneumatische Lichtmast trägt vier LED-Scheinwerfer. (klf)
The Vol. FD of Ettling has been using a TSF-L since 2018, which Ziegler built in Rendsburg on a MAN TGL 8.220 4x2 BB. The pneumatic light mast carries four LED headlights.

Erst die Heckansicht mit der Ladebordwand lässt das Fahrzeug als TSF-L erkennen. (klf)
Only the rear view with the tail lift shows the vehicle as TSF-L.

Zur umfangreichen Beladung gehören vier Atemschutzgeräte, Kübelspritze, Feuerlöscher mit 6 Kilogramm ABC-Löschpulver, zehn B-Schläuche, neun C-Schläuche, vier Saugschläuche, Standrohr, Hohlstrahlrohr B, drei Hohlstrahlrohre C, drei Schlauchbrücken, drei Schlauchtragekörbe, Schlüssel für Über- und Unterflurhydranten, vier Steckleiterteile, vier Feuerwehrleinen, Notfallrucksack, vier Einsatzleuchten, vier Verkehrsleitkegel, Tragkraftspritze, Mulde, Axt, Bügelsäge, Schaufel und Besen (Quelle: Baubeschreibung von 2018).

Seit 2016 nimmt die Anzahl der TSF-L bei bayerischen Feuerwehren zu. Das Einsatzgeschehen besteht nicht nur aus der Brandbekämpfung, für die die bisher vorhandenen TSF beladen waren. Nun sind die Wehren auch bei kleinen technischen Hilfeleistungen wie Wasserschäden, Ölspuren oder Absicherung und Ausleuchtung von Einsatzstellen sowie bei Unwettereinsätzen besser handlungsfähig. Von MAN erfüllt die Baureihe TGL mit der serienmäßigen Doppelkabine die Anforderungen.

Ungleiche Geschwister

TGL 8.220 steht in silbernen Buchstaben und Zahlen auf den Fahrerhaustüren. Der 4-Zylinder-Reihenmotor mit einem Hubraum von 4580 ccm leistet 220 PS bei 2400 1/min und entwickelt ein Drehmoment von 850 Nm im breiten Drehzahlbereich von 1300 bis 1800 1/min. Er erfüllt in beiden Fällen die Abgasnorm Euro 5, wobei die Abgasreinigung dieser Motorenbaureihe auf den Zusatz von AdBlue verzichtet. Das macht sich positiv bemerkbar: Kein Mehrgewicht und Platzbedarf für den AdBlue-Tank und die voluminösere Abgasreinigungsanlage. Zudem braucht sich der Gerätewart keinerlei Gedanken über den Füllstand und das rechtzeitige Nachfüllen von AdBlue machen.

Für eine Staffelbesatzung haben der Vorgabe entsprechend beide TSF-L die Doppelkabine. Diese läuft im MAN-Werk im oberösterreichischen Steyr auf demselben Fertigungsband wie alle anderen Kabinenvarianten für die Baureihen TGL und TGM.

Das bedeutet zum einen gleiche Qualität bei der Korrosionsbeschichtung und Lackierung sowie beim Innenausbau, und zum anderen dasselbe Konstruktionsprinzip mit umlaufenden Versteifungsstrukturen im Bereich vom Fahrerhausboden, der Scheibenunterkante und der Dachanbindung zur Erhaltung des Überlebensraumes bei einem Crash.

Nach dem Motor und der Kabine hören die Gemeinsamkeiten bei den beiden MAN-Fahrgestellen jedoch schon wieder auf. Unter dem Blech stecken große Unterschiede. Den MAN TGL 8.220 4x2 BL der FF Dieberg kennzeichnen Blatt/Luft-Federung, Radstand 3300 Millimeter, automatisiertes Getriebe MAN TipMatic mit spezieller Getriebesoftware für Einsatzfahrzeuge und eine Beschränkung des zulässigen Gesamtgewichtes auf 7,49 Tonnen. Die FF Ettling ließ ihren MAN TGL 8.220 4x2 BB bauen mit Blatt/Blatt-Federung, Radstand 3600 Millimeter, 6-Gang-Handschaltgetriebe, der Montage zusätzlicher Druckluftbehälter als Schnellstarteinrichtung und mit einem zulässigen Gesamtgewicht von 8,0 Tonnen.

TSF-L der FF Dieberg

Bei Ziegler am Standort in Rendsburg holte die FF Dieberg am 28. Februar 2019 ihr neues Einsatzfahrzeug ab. 1993 hatte Ziegler die in Norddeutschland etablierte und regional bedeutsame Karosseriebaufirma Meisner Feuerschutz übernommen. Die etwa 80 Mitarbeiter bei Ziegler Rendsburg sind spezialisiert auf Kleinfahrzeuge wie TSF, TSF-L, TSF-W und MLF. Sie entwickeln und fertigen auch die GW-L und Sonderfahrzeuge. In diesem Fall entstand ein für TSF-L außergewöhnlicher Aufbau mit fünf Geräteräumen, die seitlich durch Rollladen zugänglich sind. Das Heck verschließt eine MBB-Ladebordwand mit 750 kg Hubkraft. In der Kabine sind zwar zwei Plätze mit Halterungen für Pressluftatmer vorgesehen. Derzeit verfügt die Wehr des etwa 400 Einwohner zählenden Ortes noch nicht über Atemschutz. Bei einem Brand kommt die FF Walderbach hinzu.

Platz im Aufbau ist für zwei Rollcontainer, weitere werden im Gerätehaus vorgehalten. Je nach Ein-

Im Geräteraum G1 sind Handwerksgeräte, Kettensäge mit Schutzkleidung und eine leere Alu-Kiste. Vielfältige Ausrüstung lässt sich in den 12 PVC-Containern im Geräteraum G3 unterbringen. (klf)
In equipment compartment G1 there are hand tools, a chainsaw with protective clothing and an empty aluminium box. A wide range of equipment can be accommodated in the 12 PVC containers in equipment compartment G3.

satzmeldung lässt sich die Beladung zusammenstellen. Für den Anfang sind drei Container geplant: Einer mit Ölbinder, einer zur Bekämpfung von Wasserschäden und Hochwasserlagen sowie einer, der leer bleibt. Er dient dem Transport verdreckter Ausrüstungen und Schläuche. An der Stirnseite des Aufbaus montierte Ziegler einen pneumatischen Lichtmast mit vier LED-Scheinwerfern.

TSF-L der FF Ettling

Etwa ein halbes Jahr früher, am 3. September 2018 liefert Ziegler in Rendsburg das TSF-L an die FF Ettling aus. Im Atemschutzeinsatz arbeiten die Gemeindewehren Pförring und Etttling eng zusammen. Dafür rüstet sich in der Mannschaftskabine der Angriffstrupp auf der Anfahrt zur Einsatzstelle aus. Weitere zwei Geräte und die Atemschutzüberwachungstafel lagern im Geräteraum G1.

Dieses TSF-L ist mit drei Rollwagen beladen. Zum Aufbau einer Wasserversorgung sind im Rollwagen Schlauch 500 Meter B-Schlauch in Buchten gelagert. Die Ladebordwand ist in der Mitte faltbar ausgeführt. Ein Kamerasystem unterstützt bei der Überwachung des Auslegens der Schläuche. Der Rollwagen Beleuchtung ist beladen mit 6,5 kVA Stromerzeuger, Leitungsroller, Stativ und LED-Scheinwerfern. Auf dem Rollwagen Wasserschaden befinden sich Tauchpumpe, Kellerentwässerungspumpe, Nass-/Trockensauger, Leitungsroller, Wasserschieber sowie B- und C-Schläuche.

Summary

Since 2015 a fire appliance called a TSF-L has been available exclusively in Bavaria. This is a light truck with transportable fire pump and logistics compartment. The design is specified with a crew cab for six firefighters and equipment box with transportable pump PFPN 10 1000 and a loading space for at least two roller containers. This is closed by a tail lift with a load capacity of at least 750 kg. The maximum permissible weights is 8000 kg. This type of vehicle is becoming increasingly popular in Bavaria. Smaller Fire Brigades will be able to fight fires and be in a position to provide small technical assistance services such as water damage, oil spillage or protection and lighting of emergency areas and storm operations. From MAN, the TGL series with the standard double cab meets the requirements.

Two TSF-L built by Ziegler will be featured: One built in 2018 for the Vol. Fire Brigade of Ettling with a box body. The second built in 2019 for the Vol. Fire Brigade of Dieberg with a body, which is enclosed by roller shutters .

Auf einem Auszug im Geräteraum G2 lagert die Tragkraftspritze. Saugschläuche, C- und B-Schläuche sowie Strahlrohre und Schlauchbrücken finden sich im Geräteraum G4. (klf)

The portable pump is mounted on an extension in compartent G2. Suction hoses, C and B hoses as well as branches and hose bridges can be found in equipment compartment G4.

Technische Daten / Technical Data

	TSF-L Dieberg	TSF-L Ettling
Fahrgestell / Chassis	TGL 8.220 4x2 BL	TGL 8.220 4x2 BB
Radstand / Wheelbase	3300 mm	3600 mm
Federung / Suspension	Blatt / Luft	Blatt / Blatt
Getriebe / Gear box	MAN TipMatic	Handschaltung
Aufbau / Superstructure	Ziegler	Ziegler
Baujahr / Year	2019	2018
Zul. Gesamtgewicht / Vehicle Gross Weight	7490 kg	8000 kg
Ladebordwand / Tail lift	750 kg	1000 kg
Container / Container	2	3

TGL 8.220 is written in silver letters and numbers on the cab doors. The 4-cylinder in-line engine with a displacement of 4,580 ccm produces 220 HP. Both vehicles are specified with a crew cab. At the MAN plant in Steyr, Austria, it is built on the same production line as all other cab variants for the TGL and TGM series. This means the same quality for the corrosion coating and painting as well as for the interior fittings.

After the engine and the cab, however, the similarities between the two MAN chassis end. There are big differences under the sheet metal. The MAN TGL 8.220 4x2 BL from Vol. FD Dieberg features leaf/air suspension, a wheelbase of 3,300 millimetres, an automated MAN TipMatic transmission with special transmission software for emergency vehicles and a 7.49-tonne weight limit. Vol. FD Ettling had its MAN TGL 8.220 4x2 BB built with leaf/leaf suspension, wheelbase 3600 millimetres, 6-speed manual transmission, the installation of additional compressed air tanks as a quick start device and a permissible total weight of 8.0 tonnes.

Für die FF Dieberg baute Ziegler im Jahr 2019 in Rendsburg ein TSF-L auf MAN 8.220 4x2 BL. Ungewöhnlich für ein TSF-L ist die Bauform mit vier seitlichen Geräteräumen. (klf)
In 2019 Ziegler built in Rendsburg a TSF-L on MAN 8.220 4x2 BL for Vol. FD Dieberg. Unusual for a TSF-L is the design with four side compartments.

Weit verbreitet bei TSF-L ist diese Bauform mit Doppelkabine und Kofferaufbau. Dessen vorderer Bereich nimmt ein Geräteraum ein. (klf)
This design with double cab and box body is widely used for TSF-L. Its front area occupies an equipment compartment.

Die 1000 kg hebende Ladebordwand lässt sich in der Mitte falten, um bei der Fahrt Schläuche für eine Wasserversorgung auszulegen. (klf)
The 1000 kg lifting tail lift can be folded in the middle in order to lay out hoses for a water supply while driving.

Auf der Ladefläche stehen drei Rollwagen: links mit 500 m B-Schlauchmaterial, rechts vorne Wasserschaden und rechts hinten Beleuchtung. (klf)
There are three trolleys on the loading area: left with 500 m B hose material, right front water damage and right rear lighting.

Die bereits vorhandene Tragkraftspritze Rosenbauer Fox III passt in den Geräteraum G2 und lässt sich durch die niedrige Lagerung gut entnehmen. (klf)
The existing Rosenbauer Fox III portable pump fits into equipment compartment G2 and can be easily removed thanks to its low mounting.

Zwei Tragekörbe mit je zwei B-Schläuchen sowie drei Tragekörbe mit je drei C-Schläuchen, B-Rollschläuche sowie Strahlrohre und zwei Atemschutzgeräte brachte Ziegler im Geräteraum G1 unter. (klf)
Ziegler accommodated two carrying baskets, each with two B hoses and three carrying baskets, each with three C hoses, B roller hoses as well as branches and two BA sets in compartment G1.

Das TSF-L transportiert als Löschfahrzeug eine Tragkraftspritze und die Ausrüstung für eine Gruppe. Darüber hinaus ist Platz für eine einsatzbezogene, also nicht dauerhaft verlastete Beladung auf Rollcontainern. (klf)
The TSF-L is a fire fighting vehicle that transports a portable fire pump and the equipment for a crew. In addition, there is space for a mission-related, i.e. not permanently loaded, equipment on roller containers.

Jedes der drei MAN TGM im Fuhrpark der FF Monheim zeigt eine andere Ausführung des Frontgrills: Bei der DLK 23/12 von 2019 auf MAN TGM 15.290 ist der Löwe schwarz hinterlegt. Bei dem GW-L 2 von 2013 auf MAN 13.290 sitzt der Löwe unter dem MAN-Schriftzug. Und bei dem HLF 20 von 2015 auf MAN 13.290 ist der Löwe in der silbernen Spange integriert. (klf)
Each of the three MAN TGMs in the Vol. Fire Dept. Monheim fleet shows a different version of the front grill: on the DLK 23/12 from 2019 on MAN TGM 15.290 the lion has a black background. On the GW-L 2 from 2013 on MAN 13.290 the lion sits under the MAN logo. On the HLF 20 from 2015 on MAN 13.290 the lion is integrated in the silver clasp.

MONHEIM AN DER B 2

Mit rund 845 Kilometern ist die B 2 die längste Bundesstraße Deutschlands. Sie durchquert das Land von der polnischen Grenze bei Gartz (Oder) bis an die österreichische Grenze bei Mittenwald. Etwa 210 Kilometer vor ihrem südlichen Ende führt sie heute in einer Umfahrung um Monheim im bayerischen Landkreis Donau-Ries herum. Früher verlief die Straße mitten durch die Stadt und am Feuerwehrgerätehaus an der Donauwörther Straße vorbei. Es fallen große Gewerbebauten auf. So hat dort HAMA, bekannt als Händler für Foto-, Video-, Audio-, Computer- und Telekommunikationszubehör, seinen Firmensitz. 5300 Einwohner zählt die Stadt, von denen etwa 3300 im Hauptort leben. In den letzten 20 Jahren stieg die Einwohnerzahl um etwa 1000 an.

Alle Großfahrzeuge des aktuellen Fuhrparks der Monheimer Feuerwehr stammen von MAN. Allerdings lief schon einmal ein MAN Hauber bei der Wehr. Das TLF 16 von 1965 auf MAN 450 HA-LF mit Ziegler-Aufbau wurde 1988 ausgemustert. Im Jahr 2000 ergänzte ein LF 16/12 auf MAN 14.224 MA-LF mit Aufbau von Ziegler den Fuhrpark. Die drei MAN TGM der FF Monheim zeigen die behutsame Designentwicklung des MAN-Markenlogos der letzten Jahre. Die Wortmarke setzt sich aus den drei Buchstaben MAN und dem Löwensymbol zusammen. MAN steht für Maschinenfabrik Augsburg Nürnberg. Der Löwe erinnert an den traditionsreichen Nutzfahrzeughersteller Büssing aus Braunschweig, den MAN zu Beginn der 1970er Jahre übernahm.

Den ersten MAN TGM erhielt die FF Monheim im Jahr 2013. Wie schon seit langer Zeit befindet sich das Löwensymbol im Kasten unterhalb des MAN-Schriftzugs auf dem schwarzen Grill. Basis für den GW-L2 stellt ein MAN TGM 13.290 4x4 BL mit Doppelkabine dar. Sein Einsatzzweck ist auf die Wasserförderung ausgelegt und umfasst deshalb eine Tragkraftspritze und 2000 Meter B-Schlauch. Eine Ladebordwand mit 1500 Kilogramm Hubkraft verschließt den von Ziegler gefertigten Aufbau. Zur weiteren Beladung zählen 13 kVA-Stromerzeuger, Tauchpumpe, Rettungsplattform, Scheinwerfer, Motorkettensäge und ein Rollwagen Belüftung/Leichtschaum. An der Stirnseite des Aufbaus fährt ein pneumatischer Lichtmast in die Höhe.

Die beiden älteren Löschfahrzeuge, ein TLF 16 und ein LF 8 aus den 1980er Jahren, ersetzte das 2015 in Dienst gestellte HLF 20 auf MAN TGM 13.290 4x4 BL FW. MAN hatte zwischenzeitlich das Erscheinungsbild des Frontgrills modernisiert. Der Löwe zog in die silberne Frontspange über der schwarzen Grillplatte um. Den Grundstein zur Beschaffung legten die Stadt Monheim und die Kreisbrandinspektion Donau-Ries bereits im Jahr 2006 mit dem Feuerwehrkonzept „Agenda 2015“. Nach einer europaweiten Ausschreibung erhielten MAN und Rosenbauer den Zuschlag zur Lieferung. 1600 Liter Wasser und 120 Liter Schaummittel hat der AT-Aufbau an Bord. Besonders fällt der fest verbaute fernsteuerbare Monitor auf.

Weil der silberne Löwe auf silbernem Grund kaum zu erkennen war, folgte für das Modelljahr 2017 eine schwarze Hinterlegung des Feldes. An der im Juli 2019 ausgelieferten Drehleiter sticht der neu gestaltete Löwe optisch gut heraus. Für die Beschaffung kooperierten die Feuerwehren Langweid aus dem Landkreis Augsburg und Monheim, denn der Freistaat Bayern honoriert den Kauf baugleicher Fahrzeuge durch mehrere Kommunen mit einem Zuschlag von 10 Prozent auf den staatlichen Zuschuss. Das Fahrgestell MAN TGM 15.290 4x2 LL ist vollluftgefedert. Der Vorteil der Luftfederung an der Vorderachse wird in der größeren Wendigkeit gesehen. Die Vorderräder können weiter einschlagen, weil sie nicht an einer langen Blattfeder anstoßen. Eine Drehleiter muss im Gegensatz zu einem Löschfahrzeug auch in engen verparkten Straßen zentimetergenau rangiert werden, um bei Personenrettungen an der Gebäudeöffnung anzuleitern oder bei einem Sturmschaden den zu sichernden und abzutragenden Baum zu erreichen. MAN Individual setzte das 27 Zentimeter lange Kabinenmodul am C-Fahrerhaus an. Es bietet der Besatzung mehr Raum und Ablagen hinter den Sitzen. In der Verkleidung ist rechtsseitig das Gitter der hochgezogenen Luftansaugung eingefügt. Die Gelenkarm-Drehleiter lieferte Magirus. An der Spitze des fünfteiligen Leitersatzes sitzt der auf 4,7 Meter teleskopierbare Gelenkarm. Die Arbeitshöhe beträgt 32 Meter, was sich in der Typbezeichnung M32L-AT von Magirus ausdrückt. Gewählt haben die beiden Wehren den Rettungskorb für vier Personen oder maximal 400 Kilogramm Belastung. Ausgestattet ist der Korb mit einem Wasser-/Schaumwerfer, einer Selbstschutz-Sprühanlage, einem Rückhaltesystem zur Sicherung von Einsatzkräften bei Arbeiten außerhalb vom Korb und einer ausfahrbaren Arbeitsplattform an der Korbfront sowie einer kompletten Kameraüberwachung vom Hauptbedienstand aus.

Summary

All large vehicles in the current fleet of the Monheim volunteer fire brigade in Bavaria were built by MAN. The three MAN TGM show the careful design development of the MAN brand logo in recent

Ein MAN TGM 13.290 4x4 BL mit serienmäßiger Doppelkabine und Einzelbereifung an der Hinterachse stellt die Basis für den GW-L2 von Ziegler dar. Beladen ist er zur Wasserförderung. (klf)
A MAN TGM 13.290 4x4 BL with crewcab ex works and single tyres on the rear axle forms the basis for the Logistic Truck GW-L2 from Ziegler. It is loaded with hoses and portable pump for water transport.

Der Aufbau von Ziegler ist zweigeteilt. Im vorderen Gerätekoffer lagert unter anderem eine Tragkraftspritze. Planen verschließen die Ladefläche. Die Beladung ist über eine Ladebordwand zugänglich. (klf)
The structure of the Ziegler body is divided into two parts. A portable pump is stored in the front equipment case. Tarpaulins close the loading area. The load is accessible via a tail lift.

years. The symbol consists of the three letters MAN and the lion symbol. MAN stands for Maschinenfabrik Augsburg Nuremberg. The lion is reminiscent of the traditional commercial vehicle manufacturer Büssing, which MAN took over at the beginning of the 1970s.

The volunteer Fire Brigade of Monheim received the first MAN TGM in 2013. For quite some time, the lion symbol had been located in the box below the MAN logo on the black grill. The basis for the Logistic Truck GW-L2 is a MAN TGM 13.290 4x4 BL with crew cab ex works. Its purpose is to pump water and therefore it comprises a portable pump and 2000 metres of B hose. A tail lift with 1,500 kilogram lifting capacity completes the body manufactured by Ziegler.

In 2015 the fire brigade put the Rescue Engine HLF 20 on MAN TGM 13.290 4x4 BL FW into service. In the meantime, MAN had modernised the appearance of the front grill. The lion moved into the silver front clasp above the black grill plate. Following a Europe-wide tender, MAN and Rosenbauer were awarded the contract to supply the Rescue Engine. The AT body contains 1600 litres of water and 120 litres of foam concentrate.

Due to the fact that the silver lion could hardly be seen on a silver background, the lion was surrounded in black for model year 2017. On the turntable ladder delivered in July 2019, the newly designed lion stands out visually. The MAN TGM 15.290 4x2 LL chassis has full air suspension. The advantage of air suspension on the front axle is seen in its greater manoeuvrability. The front wheels can continue to turn because they do not bump against a long leaf spring. MAN Individual attached the 27-centimetre cab module to the C cab. It offers the crew more space and storage space behind the seats. The articulated arm turntable ladder was supplied by Magirus. At the top of the five-part ladder set is the articulated arm, which can be telescoped to 4.7 metres. The working height is 32 metres, which is expressed in the type designation M32L-AT from Magirus. The rescue cage is designed for four people or a maximum load of 400 kilograms.

1600 Liter Wasser und 120 Liter Schaummittel transportiert das HLF 20/16. Rosenbauer baute es 2015 auf einem MAN TGM 13.290 4x4 BL FW mit einem Radstand von 4250 Millimetern auf. (klf)

The Rescue Engine HLF 20/16 transports 1600 litres of water and 120 litres of foam. Rosenbauer built it in 2015 on a MAN TGM 13.290 4x4 BL FW with a wheelbase of 4,250 millimetres.

Auf dem Fahrerhausdach platzierte Rosenbauer einen elektronisch ferngesteuerten Werfer RM25C für Schaum und Wasser. (klf)

Rosenbauer placed an electronically remote-controlled foam and water turret RM25C on the cab roof.

Für die C-Kabine des MAN TGM 15.290 4x2 LL bestellte die FF Monheim das 27 Zentimeter längere Kabinenmodul. Es bietet der Besatzung mehr Platz im Fahrerhaus. (klf)

Vol. Fire Dept. Monheim ordered the 27-centimeter longer cabin module for the C cab of the MAN TGM 15.290 4x2 LL. It offers the crew more space in the driver's cab.

Die Herstellerbezeichnung der DLK 23/12 lautet bei Magirus M32L-AT. An der Spitze des fünfteiligen Leitersatzes befindet sich das teleskopierbare Gelenkteil. (klf)
The manufacturer's designation of the Turntable Ladder DLK 23/12 from Magirus is M32L-AT. The telescopic joint part is located at the top of the five-part ladder set.

Heckansicht der Drehleiter M32L-AT von Magirus. Der 13 kVA-Stromerzeuger wurde auf dem Podium platziert. (klf)
Rear view of the turntable ladder M32L-AT from Magirus. The 13 kVA generator has been placed in the body.

FEUERWEHR
Katastrophenschutz
Land Nordrhein-Westfalen
Kreis Viersen
VIE KV 901

109 KATASTROPHENSCHÜTZER FÜR NORDRHEIN-WESTFALEN

Waldbrände, Großbrände in der Industrie, Starkregen, Hochwasser, Sturmschäden, Gefahrgutaustritte oder Stromausfälle können schnell Dimensionen annehmen, die die Leistungsfähigkeit der örtlichen Wehr übersteigen. Oft sind größere Gebiete betroffen, sodass die Nachbarschaftshilfe der Wehren aus der Region nicht mehr greift. Dieses gilt umso mehr in einem dicht besiedelten Bundesland wie Nordrhein-Westfalen. Von der Fläche ist es zwar nur das viertgrößte Land, hat aber mit 18 Millionen die meisten Einwohner. Das wirkt sich auf die Bevölkerungsdichte aus, bei der es mit 526 Einwohnern je km^2 nach den drei Städten Berlin, Hamburg und Bremen den Spitzenplatz der Bundesländer in Deutschland einnimmt.

Für diese Fälle gilt es vorzuplanen. Damit es im Fall der Fälle reibungslos läuft, müssen die überörtlich einsetzbaren Kräfte und Einsatzmittel im Vorfeld bestimmt und ausgestattet sein. Im Rahmen des Katastrophenschutzes hat Nordrhein-Westfalen Feuerwehr-Bereitschaften aufgestellt. In den Regierungsbezirken Arnsberg, Düsseldorf, Köln und Münster gibt es fünf Bereitschaften, im Regierungsbezirk Detmold vier. Die darin eingeteilten Wehren üben gemeinsam Großschadenlagen und kommen auch in anderen Landesteilen von Nordrhein-Westfalen oder außerhalb des Bundeslandes zum Einsatz, beispielsweise beim Hochwasser an Elbe und Oder. So gehört die FF Willich zur Bereitschaft 3 des Regierungsbezirks Düsseldorf.

26 LF 20 KatS NRW lieferte Magirus auf MAN TGM 18.340 4x4 BB in Euro 6-Ausführung im Herbst 2018 an das Innenministerium Nordrhein-Westfalen. Dieses Fahrzeug erhielt die FF Werl im Kreis Soest. (klf)
26 LF 20 KatS NRW were delivered by Magirus on MAN TGM 18.340 4x4 BB in Euro 6 design to the Ministry of the Interior of North Rhine-Westphalia in autumn 2018. This vehicle was delivered to Vol. Fire Dept. Werl in the district of Soest.

Das Land investiert kräftig in den Katastrophenschutz, der eine wesentliche Säule der Gefahrenabwehr in Nordrhein-Westfalen darstellt. Deshalb beauftragte das Innenministerium das Institut der Feuerwehr IdF in Münster mit der Beschaffung von 109 Löschgruppenfahrzeugen für den Katastrophenschutz LF 20 KatS NRW. 27 baute Magirus im Jahr 2018 in seinem Werk in Ulm. Den Auftrag für die restlichen 82 Fahrzeuge wird Magirus bis 2022 abarbeiten. Ziel ist, dass jeder der 54 Kreise und kreisfreien Städte zwei Fahrzeuge erhält.

Im Rahmen einer europaweiten Ausschreibung bekam Magirus als Generalunternehmer den Zuschlag. Das Musterfahrzeug traf im Frühsommer 2018 am IdF ein und durchlief eine intensive Erprobung und erlebte mehrere Vorführungen. So vor Mitarbeitern des Idf, des Innenministeriums, der Feuerschutzdezernenten, der Bezirksbrandmeister sowie einem gemeinsamen Arbeitskreis Technik von AGBF (Arbeitsgemeinschaft der Berufsfeuerwehren) und VdF (Verband der Feuerwehren in NRW) und beim Infoseminar für Leiter der ehrenamtlichen Feuerwehren. Die dabei gewonnenen Erkenntnisse flossen in die Serienproduktion der 26 LF 20 KatS NRW ein.

Fahrgestell von MAN

Radstand 3,90 Meter, stärkster 6-Zylinder-Motor der MAN TGM-Baureihe mit 340 PS in Euro 6-Ausführung, hohe Bauart für maximale Bodenfreiheit, robuste Außenplaneten-Hinterachse, Trommelbremsen an Vorder- und Hinterachse, zuschaltbarer Allradantrieb, dreiteiliger Stahlstoßfänger, zusätzliche Druckluftbehälter für die Schnellstartfähigkeit nach Feuerwehrnorm EN 1846-2, Tempomat und Bremsomat, verstärkte Stoßdämpfer und Stabilisatoren an Vorder- und Hinterachse für mehr Fahrsicherheit bei hoher Schwerpunktlage sowie Verminderung von Wankbewegungen und Schwingungen des Aufbaus, dunklere schmutzunempfindlichere Innenraumgestaltung in Urban Concrete, Lackierung des Rahmen in Graphitschwarz RAL 9011 und des C-Fahrerhauses in Verkehrsrot RAL 3020. So lauten charakteristische Positionen aus dem Lieferumfang der MAN-Fahrgestelle.

Bei der Wahl des Getriebes entschied sich das IdF für ein Vollautomatikgetriebe von Allison aus der 3000er Serie, um den Maschinisten von der Schaltarbeit zu entlasten. So kann er sich auf das Verkehrsgeschehen konzentrieren. Auf anspruchsvollen

Am Tag der offenen Tür im Mai 2019 stellte der Löschzug Anrath der FF Willich im Kreis Viersen das neue LF 20 KatS NRW der Bevölkerung vor. (klf)

On the open day in May 2019, the fire brigade Anrath of the Vol. Fire Dept. Willich in the district of Viersen presented the new LF 20 KatS NRW to the public.

Bei der FF Bochum ist das LF 20 KatS NRW beim Löschzug Brandwacht stationiert. Dieser ist auf der Hauptfeuer- und Rettungswache III im Stadtteil Werne zu Hause. (jwg)
At the Vol. Fire Dept. Bochum the LF 20 KatS NRW is stationed at the main fire and rescue station III in the district Werne.

Steigungsstrecken wechselt ein Wandler-Lastschaltgetriebe die Gänge ohne Zugkraftunterbrechung.

Aufbau von Magirus

Von Magirus in Ulm kamen Aufbau und Kabinenmodul. Die Zusammenstellung der Beladung ermöglicht es der Mannschaft, wirksame Hilfe zu leisten: Für die Brandbekämpfung fasst der Löschwassertank 1000 Liter. Die im Heck eingebaute FPN 10-2000 von Magirus leistet 2000 l/min bei 10 bar. Für kleine Brände ist noch die klassische Kübelspritze vorgesehen. Zur Schaumausrüstung gehören sechs Schaummittelkanister mit je 20 Liter Inhalt, Zumischer und Kombinationsschaumrohr. Im Mannschaftsraum sind in zwei Sitzen entgegen der Fahrtrichtung Atemschutzgeräte integriert. Die beiden anderen Pressluftatmer entnehmen die Einsatzkräfte im Geräteraum G3.

Bei Waldbränden und Flächenbränden im Venn – so werden lokaltypisch die Moor- und Heidegebiete genannt – nutzt die Mannschaft Feuerpatschen und verlegt kräfte- und wasserschonend D-Schläuche. Flexibel ist eine Einsatzkraft bei Nachlöscharbeiten mit einem 11 Liter fassenden Feuerlöschrucksack unterwegs.

Für den Aufbau einer Wasserversorgung kommen Tragkraftspritze PFPN 10-1500, Modell Hydrofighter von PF Johstadt, und ein 5000 Liter fassender Faltbehälter zum Einsatz.

Oberhalb der Pumpe stecken je drei gekuppelte B-Schläuche in den sechs Kassetten. Auf links und rechts abklappbaren Trittbrettern stehend, beobachten Einsatzkräfte das Auslaufen der Schlauchleitung und geben dem Maschinisten mit einem Druckknopf akustische Signale wie „Fahrt“ oder „Halt“. So können von insgesamt 600 Meter B-Schlauch 360 Meter bei langsamer Fahrt ausgelegt werden.

Für Unwettereinsätze gehören zwei Motorkettensägen, Wathosen, eine Tauchpumpe TP 4/1 sowie eine Schmutzwasserpumpe zur Beladung. Strom liefert der 13 kVA-Generator im Geräteraum G2. Zum Ausleuchten der Arbeitsbereiche lässt sich der

Lichtmast pneumatisch ausfahren und zwei LED Flutlichtstrahler 150 W aufbauen. Zur Beladung zählen für die Erste Hilfe ein Rettungsrucksack und ein Rettungsbrett.

Für die Hygiene nutzen die Einsatzkräfte das im G6 eingebaute Hygieneboard. Zum Wohlbefinden tragen die 40 Liter-Kühlbox im Geräteraum G3 sowie Klimaanlage und Standheizung bei. Jahreszeitlich angepasst sorgen sie in der Kabine bei längeren Einsätzen für angenehme Temperaturen. Die Klappen an den tiefgezogenen Geräteräumen G1/G2 sowie G5/G6 erleichtern die Geräteentnahme. Für ein durchgängiges Laufbord muss ein aus Riffelblech gekantetes Brückenelement vor den G3/G4 zwischen den Klappen eingesetzt werden. Im Fahrbetrieb stecken die Bretter in Halterungen an der Aufbaustirnwand.

Auf dem Dach lagern links eine vierteilige Steckleiter und rechts sechs Saugschläuche. Davor platzierte Magirus das Reserverad und einen in einer Halterung einzusteckenden Galgen. Mit dessen Hilfe wird das Rad vom Aufbau heruntergelassen. Im Dachkasten unter der Steckleiterhalterung finden sich vor allem Handwerksgerät wie Schaufel, Besen, Einreißhaken sowie Schlauchbrücken und der B-Saugschlauch für die Abwassertauchpumpe.

26 LF 20 KatS NRW ausgeliefert

Die 26 bis zum Jahresende 2018 ausgelieferten Fahrzeuge gingen nach zweitägiger Einweisung am IdF an die Feuerwehren Aachen, Beckum, Billerbeck, Bocholt, Bochum, Bonn, Dahlem, Delbrück, Dortmund, Emmerich, Eschweiler, Essen (zwei Stück), Heinsberg, Hüllhorst, Langerwehe, Lennestadt, Lüdge, Meschede, Mönchengladbach, Rheinberg, Saerbeck, Siegen, Viersen, Werl, sowie Willich. Die Wehren dürfen die LF 20 KatS NRW im täglichen Einsatzdienst nutzen. Dass aber Einsatzkräfte und Fahrzeuge bei Katastropheneinsätzen über einen längeren Zeitraum auswärts gebunden sein können, hat man bei der Auswahl der Stationierungsorte berücksichtigt. Es handelt sich um größere Wehren mit Personal- und Materialreserven. Das erste LF 20 KatS NRW war das Musterfahrzeug, sodass bislang 27 gebaut wurden.

Summary

Forest fires, industrial fires, heavy rain, floods, storm damage, leakage of dangerous goods or power failures can quickly take on dimensions that exceed the capacity of the local fire service. To enable forces from unaffected areas to help, the civil protection au-

Das Musterfahrzeug des LF 20 KatS NRW erprobte das Institut der Feuerwehr (IdF) in Münster im Sommer 2018. (klf)
The prototype of the LF 20 KatS NRW was tested by the State Fire Service Institute (IdF) in Münster in summer 2018.

thorities of the state of North Rhine-Westphalia have set up fire brigade reserves. The Ministry of the Interior has commissioned the State Fire Service Institute of North Rine-Westphalia (IdF) to procure 109 LF 20 KatS NRW fire engines. The order was placed with Magirus on the MAN TGM 18.340 4x4 BB chassis. So far 27 vehicles have been built. The prototype underwent intensive testing at the IdF. 26 LF 20 KatS NRW were delivered to the fire brigades at the end of 2018 after a two-day briefing. By 2022, 82 vehicles will follow.

For the transmission, a fully automatic Allison Series 3000 was chosen so that the driver can concentrate on the traffic. Magirus installed an FPN 10-2000 pump and a 1000 litre water tank. A PFPN 10-1500 portable pump from PF Johstadt, 600 metres of B-hose (Ø 75 mm) and a 5000 litre folding container were loaded for the installation of a water supply. 360 meters B-hose can be laid out at slow speed. For storm operations two chainsaws, waders, a submersible pump TP 4/1 and a dirty water pump are part of the load. Power is supplied by the 13 kVA generator.

Für Einsätze abseits befestigter Straße betragen die Böschungswinkel vorne und hinten 23° und die Wasserdurchfahrtstiefe ist bei 90 cm markiert. (klf)
For off-road applications, the front and rear approach and departure angles are 23° and the water passage depth is marked at 90 cm.

An der Stirnseite des Aufbaus fährt der Lichtmast in die Höhe. Von zwei abklappbaren Podesten am Heck lässt sich das Verlegen der Schlauchleitung überwachen. (klf)
At the front of the superstructure is the light mast. The laying of the hose line can be monitored from two fold-down platforms at the rear.

Linke Fahrzeugseite: Im G1 Tragkraftspritze, Kanister mit Schaummittel, Tauchpumpe. Im G3 Pressluftatmer, Feuerlöscher, Rettungsrucksack, Schnellangriffstasche D, Kühlbox. Im G5 Schläuche B, C und D, wasserführende Armaturen. (klf)

Left side of the vehicle: In the G1 portable pump, canister with foam concentrate, submersible pump. In the G3 breathing apparatus, fire extinguisher, rescue backpack, backpack with D-hose Ø 25 mm, cool box. In the G5 hoses B Ø 75 mm, C Ø 42 mm and D Ø 25 mm, water relaying fittings.

Rechte Fahrzeugseite: Im G2 Stromerzeuger 13 kVA, Motorkettensäge mit Schutzkleidung, Flutlichtstrahler, Leitungsroller, Faltbehälter 5000 l. Im G4 Verkehrswarngeräte, Verkehrsleitkegel, Säbelsäge, Werkzeugkasten. Im G6 Schläuche B und C, Schaumausrüstung, Armaturen, Hygienebrett. (klf)

Right side of the vehicle: In the G2 generator 13 kVA, motor chain saw with protective clothing, floodlights, cable drum, folding container 5000 l. In the G4 traffic warning devices, traffic guidance cone, reciprocating saw, tool box. In the G6 hoses B Ø 75 mm, C Ø 42 mm, foam equipment, fittings, hygiene board.

Oberhalb der Pumpe FPN 10-2000 lagern in sechs Kassetten je drei B-Schläuche. Somit können 360 Meter Schlauchstrecke verlegt werden. (klf)
Above the FPN 10-2000 built-in pump, each three B-hoses (Ø 75 mm) are stored in six cassettes. This allows 360 metres of hose to be laid.

Mit dem Lift lässt sich die Tragkraftspritze PFPN 10-1500 von PF Johstadt auf eine ergonomisch günstige Entnahmehöhe herunterfahren. (klf)
With the lift, the PFPN 10-1500 portable pump from PF Johstadt can be lowered to an ergonomically favourable removal height.

Trittbleche, die zwischen den Auftrittklappen eingehängt werden, erleichtern die Entnahme der Ausrüstung aus den Geräteräumen G3 und G4 über der Hinterachse. (klf)
Tread plates, which are suspended between the access flaps, facilitate the removal of equipment from the equipment compartments G3 and G4 above the rear axle.

Pneumatisch ausfahrender Lichtmast mit zwei Scheinwerfern (klf)
Pneumatic light mast with two spotlights.

Der Auszug im Geräteraum G3 ist mit Feuerlöscher, Kübelspritze und zwei Atemschutzgeräten bestückt. Zum Anlegen der Geräte klappt die Halterung um 180° herunter. (klf)
The drawer in equipment room G3 is equipped with a fire extinguisher, bucket syringe and two breathing apparatus. To put on the BA, the holder folds down 180°.

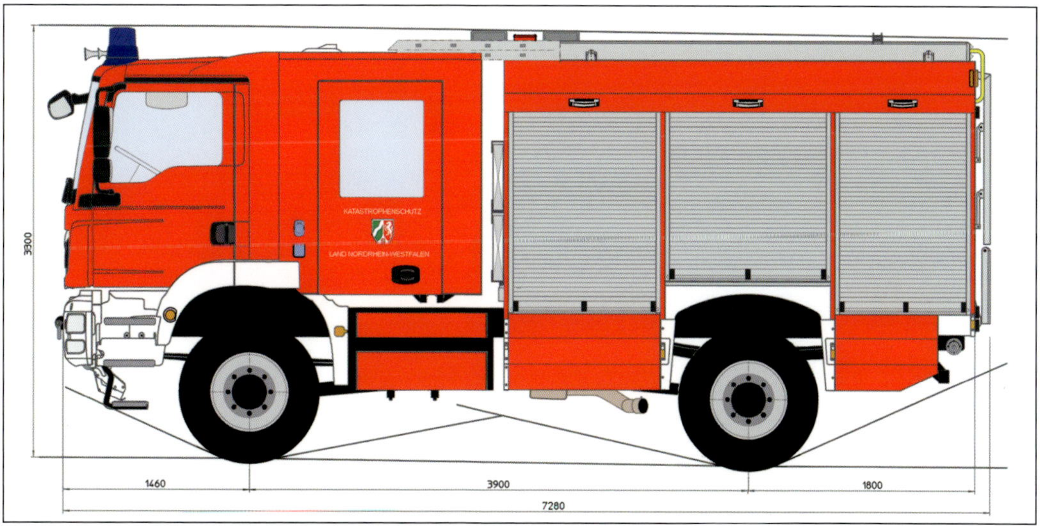

Die Abmessungen lauten 7300 mm Länge, 2500 mm Breite und 3300 mm Höhe, der Radstand beträgt 3900 mm.
The dimensions are 7,300 mm length, 2,500 mm width and 3,300 mm height, the wheel base is 3,900 mm.

33-41-32
FEUERWEHR
MAN
H WE 4132
FEUERWEHR
112

VIER FÜR DIE FEUERWEHR WEDEMARK

Rankweil im österreichischen Vorarlberg: 24. Mai 2019 Das erlebt der Feuerwehrfahrzeughersteller Walser nicht jeden Tag, dass er drei HLF 20 und ein TSF-W an einen Kunden ausliefern darf. Das Beschaffungsteam der Wehr, Mitglieder der Gemeinde- und Ortswehrleitungen, die Erste Gemeinderätin und Mitarbeiter der Gemeindeverwaltung waren angereist zur Abnahme.

26. Juni 2019 am Campus W, dem Schulzentrum der niedersächsischen Gemeinde Wedemark in Mellendorf: 707 Kilometer weiter nördlich feiert die Feuerwehr die Übergabe der HLF 20 an die Schwerpunktfeuerwehr Mellendorf und die zwei Stützpunkt wehren Bissendorf und Elze. Das TSF-W erhielt die Ortswehr Negenborn.

Als Wedemark bezeichnet man einen Landstrich nördlich von Hannover. Beschrieben wird er mit großen Moor- und Waldflächen, kleinen Seen und ausgedehnten Feldmarken. Darin eingestreut liegen großflächige Sandgruben. Wedemark heißt die 173 km² große Gemeinde, die 1974 aus 16 Kommunen entstand. Für den Schutz der etwa 30.000 Mitbürger sorgen 15 Ortswehren. Zum Vergleich: Wuppertal zählt auf derselben Fläche über 350.000 Einwohner.

Sicherheit an erster Stelle

Besonderen Wert legt die FF Wedemark bei ihren neuen Fahrzeugen auf die Sicherheit. Der Maschinist kann sich besser auf den Straßenverkehr konzentrieren, denn die Schaltarbeit übernehmen automatisch arbeitende Getriebe. Im TSF-W ist es die MAN TipMatic. Im Gelände verkürzt die Getriebesoftware Offroad die Schaltzeiten und geht auf höhere Drehzahl, um die Unterbrechung der Zugkraft bei geöffneter Kupplung zu minimieren. Die Fahrgestelle der drei HLF 20 gingen zu MAN Individual in Wittlich und erhielten dort Wandler-Schaltautomaten von ZF eingebaut.

Für alle vier Fahrzeuge bestellte die Gemeinde das Video-Abbiegesystem. Die 150°-Weitwinkelkamera ist am Gehäuse des Rampenspiegels befestigt. Bei dem Blick nach rechts in die Spiegel liegt ein an der A-Säule befestigter Monitor im Sichtfeld. Auf ihm sehen der Maschinist und der Fahrzeugführer, was sich rechts neben dem Fahrzeug befindet.

Bei Walser in Vorarlberg stehen im Mai 2019 drei HLF 20 für die Ortsfeuerwehren Mellendorf, Bissendorf und Elze sowie ein TSF-W für die Ortsfeuerwehr Negenborn zur Abholung durch die Feuerwehr Wedemark. (cbw)
At Body builder Walser in Austria, three Rescue Engines HLF 20s for the Mellendorf, Bissendorf and Elze local fire brigades and one Light tank pumper TSF-W for the Negenborn local fire brigade will be available for collection by the Wedemark Volunteer fire brigade in May 2019.

Drei HLF 20 mit kleinen Unterschieden

Bei den HLF 20 entschied sich die Wehr für die stärkste und schwerste Ausführung des MAN TGM, um Gewichtsreserven zu haben. Den 18-Tonner treibt der in Euro 5-Ausführung 340 PS starke 6-Zylinder-Motor an. Der permanente Allradantrieb bietet optimale Traktion abseits befestigter Straße. Geht es in schweres Gelände, legt der Maschinist die Differenzialsperre ein. Fehlbedienungen sind ausgeschlossen, denn der Drehschalter gibt die Reihenfolge vor: erst Längssperre, dann Quersperre hinten und dann vorne. Im Hintergrund vermeidet das Verteilergetriebe-Sperrenmanagement Schäden am Antriebsstrang. Das System prüft ständig die Fahrgeschwindigkeit, den eingelegten Gang, die eingelegten Sperren sowie die Stellung der Zahnräder und legt die Sperren erst dann ein, wenn alle Vorgaben passen.

Für die Mannschaftskabine mit vier Atemschutzplätzen und den Aufbau erhielt die Firma Walser den Zuschlag. 2000 Liter Wasser und 200 Liter Schaummittel fassen die Tanks des HLF 20 der Ortswehr Elze. Walser baut von PF Johstadt die FPN 10-2000 ein und kombiniert sie mit der Schaumzumischanlage FireDos FD 1000. In der Nähe der Ortschaft Elze führt die Autobahn A7 vorbei. Über die Anschlussstelle Berkhof betreut die Ortswehr Elze einen Abschnitt. Deshalb ist das HLF 20 mit einem hydraulischen Rettungssatz, mit Rettungsplattform und Verkehrsabsicherungsmaterial ausgestattet.

Nur auf den ersten Blick sehen die drei HLF 20 baugleich aus. Insbesondere wegen der Einsätze auf den Autobahnen A7 und A 352 erhielten die Fahrzeuge für Elze und Mellendorf eine Verkehrsabsicherungshaspel. Bei der Ortswehr Bissendorf hängen zwei B-Schlauchhaspeln am Heck, um längere Schlauchstrecken für die Wasserförderung zu verlegen. Am Mellendorfer HLF 20 fällt die eingebaute Seilwinde mit 50 kN Zugkraft auf. Nicht von außen sichtbar sind sein 3000 Liter fassender Wassertank und die Haspel mit formfestem Schnellangriffsschlauch.

TSF-W in extra schwerer Ausführung

Die Norm siedelt das TSF-W in der Gewichtsklasse L2 unterhalb von 7,5 Tonnen an und sieht ein

Das HLF 20 der Ortsfeuerwehr Elze baute Walser auf einem MAN TGM 18.340 4x4 BB auf. Es transportiert 2000 Liter Wasser und 200 Liter Schaummittel. (klf)

Walser built the rescue engine HLF 20 of the Elze local fire brigade on a MAN TGM 18.340 4x4 BB. It transports 2000 litres of water and 200 litres of foam concentrate.

Für technische Hilfeleistungen lagern im Geräteraum G2 der hydraulische Rettungssatz und die Rettungsplattform. Der Lichtmast trägt sechs LED Scheinwerfer. (klf)
For technical rescue, the hydraulic rescue kit and the rescue platform are stored in equipment room G2. The light mast carries six LED headlights.

Walser setzte sein Kabinenmodul an das C-Fahrerhaus von MAN an. Im Mannschaftsraum stattete Walser vier Plätze mit Atemschutzgeräten aus. (klf)
Walser attached his cab module to MAN's C cab. Walser equipped four seats in the crew compartment with breathing apparatus.

Tankvolumen zwischen 500 und 750 Liter vor. Davon unterscheidet sich das TSF-W der Ortswehr Negenborn mit etwa 12 Tonnen Einsatzgewicht und 1600 Liter Löschwasser sehr. Weitläufige Moorgebiete, sandige Böden und große Sandgruben stellten die Anforderungen an permanenten Allradantrieb und eine umfangreiche Beladung. So fiel die Wahl auf einen MAN TGM 13.250 4x4 BL mit Doppelkabine. Hier lauerte die nächste Herausforderung an das Beschaffungsteam und die Hersteller. Wegen der beengten Platzverhältnisse und der Höhe des Stellplatzes sowie der schrägen Rampe vor dem in einer leichten Senke liegenden Gerätehauses durfte das TSF-W maximal 2,98 Meter hoch sein. Die Firma Toni Mauer Fahrzeugbau im bayerischen Türkheim, die auf Umbauten von MAN-Lastwagen spezialisiert ist, setzte auf der Doppelkabine ein Flachdach auf und sparte so etwa 15 Zentimeter ein. Walser konstruierte den Aufbau so, dass er ebenfalls die Höhenvorgabe einhielt.

Die Tragkraftspritze Rosenbauer Fox lagert im hinteren Geräteraum auf einem Lift. Mit der serienmäßigen Luftfederung an der Hinterachse des MAN TGM lässt sich das Heck um etwa 14 Zentimeter absenken. So können vier Einsatzkräfte die Pumpe in ergonomisch günstiger Höhe entnehmen. Im westlichen Gemeindegebiet von Wedemark rücken die Ortswehren Negenborn und Resse zusammen zu Verkehrsunfällen aus. Deshalb ist das TSF-W mit hydraulischem Rettungsgerät und einem 5 kVA Stromerzeuger beladen. Als Sonderaufgabe hat die Ortswehr die Moorbrand-Bekämpfung übernommen. Bislang lagerten die dafür erforderlichen Geräte in Gitterboxen im Gerätehaus, weil sie im früheren LF 8 keinen Platz fanden. Einsatzkräfte brachten diese mit ihren Traktoren an die Einsatzstelle. Nun bekamen die tragbare Pumpe TS 2/5, vier B-Saugschläuche, neun D-Schläuche, ein D-Verteiler und vier D-Strahlrohre Platz im Aufbau.

Summary

The municipality of Wedemark in the Hanover region purchased in 2019 four vehicles from Walser: three Rescue Engines HLF 20 on MAN TGM 18.340 4x4 BB and one Light tank pumper TSF-W on MAN TGM 13.250 4x4 BL. Special emphasis is placed on safety. The driver can concentrate better on road traffic because the automated MAN TipMatic transmission in the TSF-W takes over the shifting work. At MAN Individual, the chassis of the three HLF 20s were fitted with automatic transmission from ZF. All four vehicles are equipped with the video turning assistant system. The wide-angle camera is attached to the housing of the ramp mirror. On a monitor attached to the A-pillar, the driver can see what is going on to the right-hand side of the vehicle.

For the Rescue Engine HLF 20, the Chassis MAN TGM 18.340 4x4 BB was chosen. The 18-tonner is powered by the Euro 5 340 hp 6-cylinder engine. The permanent all-wheel drive offers optimum traction. If the terrain is difficult, the driver engages the differential lock. Incorrect operation is ruled out,

Technische Daten / Technical Data

	TSF-W Ortsfeuerwehr Negenborn	HLF 20 Ortsfeuerwehr Elze
Fahrgestell / Chassis	MAN TGM 13.250 4x4 BL	MAN TGM 18.340 4x4 BB
Radstand / Wheelbase	3650 mm	4200 mm
Federung / Suspension	Blatt / Luft	Blatt / Blatt
Getriebe / Gear box	MAN TipMatic	Wandlerautomatik ZF
Aufbau / Superstructure	Walser	Walser
Baujahr / Year	2019	2019
Pumpe / Pump	PFPN 10-1000 Rosenbauer Fox	FPN 10-2000 PF Johstadt
Pumpenleistung / Output of Pump	1000 l/min bei 10 bar	2000 l/min bei 10 bar
Wasser / Water	1600 Liter	2000 Liter
Schaummittel / Foam		200 Liter
Besatzung / Crew	6 Einsatzkräfte	9 Einsatzkräfte

as the rotary switch determines the sequence for the longitudinal lock and the transverse locks at the rear and front. The tanks of the HLF 20 contain 2,000 litres of water and 200 litres of foam concentrate. Walser installed the FPN 10-2000 from PF Johstadt and combined it with the FireDos FD 1000 foam proportioning system. The A7 motorway passes near the town of Elze. Their HLF 20 is therefore equipped with a hydraulic rescue kit, rescue platform and traffic safety equipment.

The Light tank pumper TSF-W of Negenborn local fire brigade is a very special version with an operating weight of around 12 tonnes and 1,600 litres of water. The German standard normally specifies a maximum permissible total weight of 7.5 tonnes and a maximum of 750 litres of water for this type. Extensive moorland areas, sandy soils and large sand pits made demands on permanent all-wheel drive and extensive loading. The choice fell on a MAN TGM 13.250 4x4 BL. Due to the height of the appliance room, the maximum height was 2.98 metres. The company Toni Mauer Fahrzeugbau in Türkheim, Bavaria, which specializes in conversions of MAN trucks, converted the crew cab with a flat roof and thus saved about 15 centimeters. The Rosenbauer Fox portable pump is mounted on a lift in the rear equipment compartment. With the standard air suspension on the rear axle of the MAN TGM, the rear can be lowered by around 14 centimetres. This allows four fire fighter to remove the pump at an ergonomically favourable height. This local fire brigade has taken on the special task of fighting bog fires. The load therefore includes the TS 2/5 portable pump, four B suction hoses, nine D hoses (Ø 25 mm), D distributors and D nozzles.

Zur Beladung auf der linken Seite gehören 14 kVA Stromerzeuger, Hochleistungslüfter, Scheinwerfer, Schläuche, Strahlrohre und Schaumausrüstung. (klf)
Loading on the left side includes 14 kVA generators, high performance fans, headlights, hoses, nozzles and foam equipment.

Die Steckleiter liegt auf einer mechanischen Entnahmehilfe. Darauf hat man bei der Schiebleiter daneben verzichtet, da sie sehr selten benötigt wird. (klf)
The plug-in ladder lies on a mechanical removal aid. This has been omitted for the sliding ladder, as it is very rarely used.

Die Vorgabe für die Fahrzeughöhe lautete 2,98 Meter, Deshalb erhielt das TSF-W auf MAN TGM 13.250 4x4 BL der Ortsfeuerwehr Negenborn ein Flachdach. Die A-Saugschläuche lagern in einem Regal an der Stirnseite des Aufbaus. Im Geräteraum G1 befindet sich der hydraulische Rettungssatz. (klf)

The specification for the vehicle height was 2.98 metres, so the TSF-W on MAN TGM 13.250 4x4 BL for Negenborn local fire brigade was given a flat roof. The A suction hoses are stored on a shelf at the front of the body. The hydraulic rescue kit is located in equipment compartment G1.

Zwei Plätze mit Atemschutzgeräten hat Walser in der Kabine eingebaut. Zwei weitere Pressluftatmer nehmen die Einsatzkräfte aus dem Geräteraum G4. (klf)

Walser has installed two places with breathing apparatus in the cabin. Two further breathing apparatuses are taken by the fire fighters from the equipment compartment G4.

Je zwei Steckleiterteile liegen links und rechts auf dem Dach. Sie werden über die abklappbaren Trittpodeste am Heck heruntergenommen. (klf)
Two plug-in ladder parts each lie on the left and right of the roof. They are taken down via the fold-down step platforms at the rear.

Die Tragkraftspritze steht im Heck auf einem herausziehbaren Lift. Die Pumpe für Moorbrände ist im Geräteraum G2. Der pneumatische Lichtmast trägt vier LED-Scheinwerfer. (klf)
The portable pump stands at the rear on a pull-out lift. The pump for bog fires is in equipment compartment G2. The pneumatic light mast carries four LED headlights.

Die Allzweckpumpe NP 12 B von Mast kommt bei Moorbränden zum Einsatz. Sie wiegt 60 kg und fördert bis 1200 l/min. (klf)
The Purpose Pump NP 12 B from Mast is used in bog fires. It weighs 60 kg and delivers up to 1200 l/min.

FEUERWEHR 112
Lae-1-TLF 4000
FEUERWEHR
Freiw. Feuerwehr Laer
Löschzug Laer

TLF 4000 IM MÜNSTERLAND

Eben bis flach hügelig. Intensiv ackerbaulich genutzt mit kleineren Waldgebieten und Baumstreifen entlang der Bäche. Viele Hofstellen als Streusiedlungen mitten in der Landschaft. Einzelne Ortslagen mit großen Kirchen. Dieses Landschaftsbild prägt das Münsterland. Und es prägt die Aufgaben der Feuerwehren. Mitten in dieser Landschaft liegt die Gemeinde Laer im Kreis Steinfurt, etwa 25 Kilometer nordwestlich von Münster. 35 km² groß und etwa 6800 Einwohner zählend, die sich auf die beiden Ortsteile Laer und Holthausen aufteilen.

Im April 2019 holte die Freiwillige Feuerwehr Laer beim Aufbauhersteller Schlingmann das neue TLF 4000 ab. Im Gerätehaus in Laer steht es zwischen LF 16/12, TSF, ELW, MTW und Kdow. Die Löschgruppe Holthausen rückt mit einem HLF 10 aus. Die ländlich geprägte Struktur mit ihren verstreut liegenden Gehöften und der Bedarf für den Wassertransport veranlasste die Wehrführung, bei der Ersatzbeschaffung für ein TLF 16/25 von 1988 einen größeren Löschwassertank einzuplanen. Wenn auch die Bezeichnung TLF 4000 lautet, so fasst der Behälter im Aufbau 4650 Liter Wasser und 500 Liter Schaummittel.

Aus Steyr: Fahrgestell von MAN

Beim Fahrgestell fiel die Wahl auf einen MAN TGM 18.340 4x4 BB in Euro 5-Ausführung. Beide Achsen sind blattgefedert, worauf die Buchstaben BB in der

Die FF Laer konzipierte ihr neues TLF 4000 für Einsätze im ländlichen Raum. Es führt 4650 Liter Wasser und 500 Liter Schaummittel mit. Den Aufbau liefert Schlingmann auf MAN TGM 18.340 4x4 BB. (klf)
Vol. Fire Dept. Laer designed its new TLF 4000 for rural applications. It carries 4650 litres of water and 500 litres of foam. Body building was done by Schlingmann on MAN TGM 18.340 4x4 BB.

Schlingmann produzierte den Aufbau aus seiner „Varus"-Baureihe mit sieben Geräteräumen. Die Geräteräume G1 und G 2 sind zwischen den Achsen tief heruntergezogen. (klf)
Schlingmann produced the body from its "Varus" series with seven compartments. The equipment compartments G1 and G2 are deep between the axles.

Typbezeichnung hinweisen. Auffällig ist die Bereifung im Format 385/65 R 22,5 vorne und 315/80 R 22,5 hinten, die der Bodenfreiheit und den Geländefahreigenschaften abseits befestigter Straßen zu Gute kommt. Der Sechszylinder-Reihenmotor aus der MAN-Motorenbaureihe D08 hat einen Hubraum von 6871 cm^3 und leistet 340 PS. Damit sich der Maschinist auf das Verkehrsgeschehen konzentrieren kann und nicht nach dem passenden Gang suchen muss, verfügt das TLF 4000 über das automatisierte 12-Gang-Schaltgetriebe MAN TipMatic. Das Schaltprogramm TipMatic Emergency, erkennbar an der Beschriftung Ds am Drehschalter, hat MAN speziell auf die Anforderungen der Einsatzfahrten optimiert. Die automatische Gangwahl setzt auf hohe Beschleunigung und gezieltes Rückschalten beim Abbremsen, um zügig nach dem Abbiegen oder dem Queren einer Kreuzung wieder anzufahren.

Feuerwehrfahrzeuge weisen bauartbedingt mit ihrem Aufbau und dem Löschwasserbehälter eine hohe Schwerpunktlage auf. Zur Stabilisierung der Fahreigenschaften rüstete MAN das Fahrgestell mit verstärkten Stoßdämpfern und Stabilisatoren an der Vorder- und an der Hinterachse aus. Ebenfalls trägt das Elektronische Stabilitätsprogramm ESP zur Sicherheit bei. Dieses bietet MAN über die gesetzlichen Vorgaben hinaus bei Allradfahrzeugen an.

Der Radstand misst 4200 Millimeter. Zur Montage des tiefgezogenen Gerätekoffers verlegte Schlingmann verschiedene Anbauteile, die sonst ihren Platz seitlich am Rahmen haben. Luftkessel, Batteriekasten und Abgasanlage fanden neue Plätze und den Dieseltank ließ Schlingmann neu anfertigen. Bei der Auslieferung von Chassis für Feuerwehrfahrzeuge im MAN-Werk Steyr in Oberösterreich befindet sich behelfsmäßig nur ein kleiner Dieseltank am Fahrzeug. Dieses sichert die Verladung auf den Lkw-Transporter und die kurzen Fahrtstrecken bei der Überführung zum Aufbauhersteller ab.

Die Doppelkabine mit sechs Sitzplätzen ermöglicht es, auch bei tagsüber eingeschränkter Verfügbarkeit von Einsatzkräften schlagkräftig in der Kombination aus LF 16/12 (einsatztaktische Bezeichnung HLF 20) und TLF 4000 auszurücken. In die von MAN serienmäßig angebotene viertürige Kabine baute Schlingmann zwei Sitze mit Pressluftatmerhalterungen gegen die Fahrtrichtung ein. Deren Anordnung mittig gegen die Fahrtrichtung bietet den Atemschutzträgern Platz beim Anlegen der Ausrüstung. Die beiden Wassertruppmitglieder sitzen jeweils außen in Fahrtrichtung. Sind diese Plätze nicht belegt, klappen die Sitzflächen hoch und geben den Weg frei.

Aus Dissen: Aufbau von Schlingmann

Auf der Interschutz 2015 präsentierte Schlingmann sein neues Aufbaukonzept Varus. Zuerst für Löschgruppenfahrzeuge, die Übertragung auf Rüstwagen und Tanklöschfahrzeuge folgte etwas später. Optisches Erkennungszeichen dieses Varus-Aufbaus sind die LED-Umfeldbeleuchtungsleisten an der oberen Aufbaukante. Der Grundrahmen für den Aufbau und dessen Gerippe ist aus Edelstahlprofilen geschweißt. Die Außenverkleidung und der Innenausbau bestehen aus Aluminium. Der Aufbau des TLF 4000 der FF Laer gliedert sich in sieben Geräteräume, wobei die Rollladen im Bereich zwischen den Achsen tief nach unten reichen. Schlingmann stellte 1988 anstelle von Auftrittklappen die pneumatisch unter den Geräteräumen G1 und G2 herausschwenkenden verzinkten Stahlgitterroste vor. Für diese Konstruktion der Auftritte gibt der Hersteller eine Tragfähigkeit von über 400 Kilogramm an. Die Verbindung zu den hinteren Auftrittklappen unter den Geräteräumen G5 und G6 stellen Gitterrostbrücken dar, die seitlich aus dem vorderen Auftritt mit einem Handgriff herauszuziehen und an der hinteren Klappe einzuhängen sind. Somit entsteht über die ganze Aufbaulänge ein durchgängiger Auftritt zur Entnahme der Beladung. Den Vorteil im Verzicht auf einen an der Hinterachse abklappbaren Kotflügel sieht Schlingmann darin, dass oben und seitlich kein Platz für seine Mechanik und die Trittfläche benötigt wird und somit das Geräteraumvolumen keine Einschränkung erleidet. Zur leichten Entnahme liegen die vier Steckleiterteile auf einem Schlitten, der mechanisch abgeklappt wird.

Den Schwerpunkt der Beladung legte die FF Laer auf den Wassertransport, die Unterstützung der Wasserförderung und die Brandbekämpfung. Deshalb befinden sich im Geräteraum G1 ein 5000 Liter fassender Faltbehälter und ein Übergangsstück zum Anschluss von Güllefässern. Mit diesen transportieren Landwirte große Löschwassermengen an die Einsatzstelle, was sich bei Feld- und Waldbränden mehrfach bewährte. Im Geräteraum G5 lagern ein Verteiler mit Druckbegrenzungsventil sowie ein Schlauchtragekorb D für Waldbrandeinsätze. Neben den wasserführenden Armaturen im Geräteraum G4 fand ein mobiler Wasserwerfer mit einem Durchfluss von maximal 2000 Liter/Minute Platz. Die selten benötigten Saugschläuche sind neben dem Dachkasten verstaut.

Für die Ausleuchtung der Einsatzstelle sorgen die LED-Umfeldbeleuchtung, der an der Stirnseite des Aufbaus angeordnete pneumatische Lichtmast sowie tragbare Scheinwerfer mit Stativ aus dem Geräteraum G2. Dort befindet sich auf einem Schlitten der 9 kVA-Stromerzeuger. Auf der auszieh- und drehbaren Halterung im Geräteraum G1 lässt sich bei Werkstattaufenthalten des LF 16/12 anstelle des Faltbehälters der hydraulische Rettungssatz lagern.

Ebenfalls aus Dissen: Löschtechnik von Schlingmann

Schlingmann setzt keinen eigenen Löschwassertank auf den Rahmen und umhüllt ihn mit dem Gerätekoffer. Stattdessen gibt das verwindungssteife, geschweißte Edelstahlgerippe den zwischen den Profilen eingesetzten Wänden des Wassertanks den Halt. Diese maximale Raumausnutzung schlägt sich in einem Fassungsvermögen von 4650 Litern nieder. Der im Heck über der Pumpe platzierte Schaummittelbehälter fasst 500 Liter. Die im Heck eingebaute einstufige Feuerlöschkreiselpumpe vom Typ S2000

Ein durchgängiger Auftritt zur Geräteentnahme entsteht durch das pneumatisch ausschwenkende Trittbrett unter dem Geräteraum G1, dem ausziehbaren Gitterrost vor der Hinterachse und der Klappe am hinteren Geräteraum G5. (klf)
The pneumatically swivelling step under the equipment compartment G1, the extendable grating in front of the rear axle and the flap in the rear equipment compartment G5 create a continuous step for equipment removal.

Pneumatisch fährt der Lichtmast an der Stirnseite des Aufbaus aus. Eine Entnahmehilfe erleichtert den raschen Einsatz der vier Steckleiterteile. (klf)
The light mast extends pneumatically at the front of the body. A ladder gantry facilitates the rapid deployment of the four section ladder.

produziert Schlingmann selber. Sie erfüllt die Anforderungen der FPN 10-2000 nach DIN EN 1028. Die Pumpe versorgt nicht nur die beiden Abgänge je Seite. Leitungen führen zum Schnellangriff, zum hochschwenkbaren Wasserwerfer auf dem Dach und zum Frontsprühbalken. Platzsparender und leichter als eine Schnellangriffshaspel ist die Einrichtung zur schnellen Wasserabgabe, für die sich die FF Laer entschieden hat. Im Geräteraum G6 liegen in einem Fach griffgünstig und schnell zu entnehmen zwei C-Schläuche in Buchten mit Hohlstrahlrohr.

Bei Verwendung von Schaum als Löschmittel kommt die von Schlingmann entwickelte Druckzumischanlage AutoMix 30 DE zum Einsatz. Sie versorgt die beiden gelb markierten Druckabgänge auf der Beifahrerseite sowie die Leitung zum Schaum-Wasser-Werfer mit Schaummittel, maximal mit 30 Liter/Minute, was bei einer Wasserfördermenge von 3000 Liter/Minute einer 1-prozentigen Zumischung entspricht. Die beiden grün lackierten Abgänge unter dem Geräteraum G5 liefern nur Wasser, so dass ein gleichzeitiger Einsatz von Schaum und Wasser möglich ist. Bei Vegetationsbränden gilt es, bei langsamer Fahrt im Pump&Roll-Betrieb Flächen zu bewässern, um die Ausbreitung der Flammen zu behindern oder Brandflächen abzulöschen. Zudem kann es im ländlichen Raum passieren, dass es zu Straßenverschmutzungen kommt, die für die Verkehrsteilnehmer eine Gefahr darstellen. Zur flächigen Bodenbrandbekämpfung und zur schnellen Reinigung von Fahrbahnen von vom Feld verschleppter Erde, verlorenem Erntegut oder ausgelaufener Gülle dienen die vier Frontsprühdüsen.

Summary

The German volunteer fire brigade of the small town of Laer near Munster received a TLF 4000 on MAN TGM 18.340 4x4 BB in spring 2019. The six-cylinder in-line engine with a displacement of 6871 cm^3 delivers 340 hp. The automated MAN TipMatic gearbox relieves the driver of manual gear changing. He can concentrate on the traffic situation. MAN has designed the TipMatic Emergency shift programme for emergency driving. The automatic gear selection

Ein Sprühbalken mit vier Düsen kann im Pump&Roll-Betrieb betrieben werden. (klf)
A spray bar with four nozzles can be operated in Pump&Roll mode.

relies on high acceleration and targeted downshifting when braking, in order to quickly accelerate after turning off or crossing an intersection.

The Crewcab for six fire fighters is ex works by MAN. Two seats with breathing apparatus are fitted at the rear opposite to the direction of travel. Two other fire fighters are seated on folding seats at the rear. The body named „Varus" was built by the German company Schlingmann. The framework is a welded stainless steel skeleton covered with aluminium panels. The front equipment compartment goes deep into the chassis members. Battery boxes, exhaust systems and diesel tanks were moved to create the deep equipment lockers. The pneumatically swivelling step under the equipment compartment G1, the extendable grating in front of the rear axle and the flap in the rear equipment compartment G5 create a continuous step for equipment removal.

The water tank has a capacity of 4650 litres, the foam tank 500 litres. The PFN 10-2000 pump and the pressure foam proportioning system are Schlingmann' own constructions. The Laer fire brigade is located in rural areas and uses the TLF 4000 for water transport, water pumping support and fire fighting. The equippment carried therefore includes a folding container with a capacity of 5000 litres, a coupling for connection to farmers' liquid manure barrels and a hose carrying basket with D-hose (Ø 25 mm) for fighting forest fires.

Große Taster, Hebel und Handräder erleichtern die Bedienung der im Heck eingebauten Pumpe FPN 10-2000. Manometer zeigen den Eingangs- und Ausgangsdruck an. (klf)
Large buttons, levers and handwheels facilitate operation of the FPN 10-2000 rear-mounted pump. Pressure gauges indicate the inlet and outlet pressure.

FEUERWEHR
FEUERWEHR
112
MAN
HI BO 4921

LF-LOGISTIK: EIN ZWITTER FÜR LÖSCHEN UND LOGISTIK

Das LF-Logistik darf man als Exoten bezeichnen. Selten zu finden bei deutschen Feuerwehren, denn dieser Typ steht weder in der Feuerwehrfahrzeug-Typenliste der DIN noch in den Förderrichtlinien der Bundesländer. Es vereint Merkmale eines LF 20 wie Gruppenkabine, eingebaute Pumpe FPN 10-2000 und Löschwassertank mit der Bauform eines GW-L2. Davon übernimmt es den Kofferaufbau mit integriertem Geräteraum und die Ladefläche für Rollcontainer.

MAN nahm im Mai 2019 zum ersten Mal an der Messe RETTmobil in Fulda teil. Mit dem LF-Logistik der Ortswehr Borsum aus der Gemeinde Harsum konnte MAN den Fachbesuchern das 18-Tonnen-Fahrgestell und die große Mannschaftskabine von MAN Individual näherbringen. Die Vielseitigkeit der Beladung prädestiniert dieses LF-Logistik auf MAN TGM 18.340 4x4 BB für den Einsatz lokal in der Gemeinde Harsum sowie überörtlich in der Kreisfeuerwehrbereitschaft 1 und im Gefahrgutzug Nord 1 des Landkreises Hildesheim. Das Niedersächsische Brandschutzgesetz forderte Mitte der 1970er Jahre die Landkreise auf, Kreisfeuerwehrbereitschaften für den überörtlichen Einsatz

Die Ortswehr Borsum der FF Harsum erhielt im Mai 2019 ein LF-Logistik. MAN lieferte den TGM 18.340 4x4 BB mit Gruppenkabine, Freytag den Aufbau. (klf)
The Borsum local fire brigade of Vol. Fire Dept. Harsum received the Engine with Logistic box in May 2019. MAN delivered the TGM 18.340 4x4 BB with cabin for nine fire fighters, Freytag built the superstructure.

Bei der Gruppenkabine von MAN Individual sind die Mannschaftsraumtüren weit in das Dach hochgezogen und öffnen fast rechtwinklig. (klf)
In the MAN crew cabin, the doors are raised to the edge of the roof for safe entry and exit and open almost at right angles.

aufzustellen. In der Bereitschaft 1, die dem Brandabschnitt Nord des Landkreises Hildesheim entspricht, bilden die Harsumer Ortsfeuerwehren Harsum, Borsum und Klein Förste den 2. Zug. Das Einsatzgebiet des 1997 gegründeten Gefahrgutzuges Nord 1 deckt die Gemeinden und Städte Algermissen, Giesen, Harsum, Hildesheim und Sarstedt ab. Die Aufgabenschwerpunkte dieser Spezialeinheit liegen auf Erkennen und Messen von Gefahrstoffen, Umfüllen und Abdichten von gefährlichen Flüssigkeiten und Bergen von Stückgütern.

Die Gruppenkabine aus glasfaserverstärktem Kunststoff (GFK) kommt von MAN Individual in Wittlich. Sie führt die Designlinie der MAN-Doppelkabine fort. Das über dem Mannschaftsraum erhöhte Dach verstärkt den geräumigen Eindruck mit seiner Innenhöhe von 1,6 Meter. An vier Plätzen rüsten sich die Einsatzkräfte mit Pressluftatmern aus. Für einen sicheren Ein- und Ausstieg der Atemschutzgeräteträger öffnen die etwa 90 Zentimeter breiten Türen fast rechtwinklig und sind bis in die Dachkante hochgezogen. Vor der Serieneinführung hat MAN diese Mannschaftskabine umfangreichen Crashtests unterzogen. Sie erhielt das Prüfzertifikat der Richtlinie ECE R29 zum Schutz von Insassen.

Das Fahrgestell ist ein MAN TGM 18.340 4x4 BB in Euro 5-Ausführung. Auf dem Drehschalter des automatisierten Getriebes MAN TipMatic folgt auf D der Fahrmodus DS. DS steht für die Getriebesoftware Emergency. Diese hat MAN speziell auf die Anforderungen der Einsatzfahrten bei Feuerwehren ausgelegt. Die automatische Gangwahl setzt auf hohe Beschleunigung und gezieltes Rückschalten beim Abbremsen, um zügig wieder nach dem Abbiegen oder dem Queren einer Kreuzung anzufahren. Dazu schaltet sie schneller und bei höherer Drehzahl in den nächsthöheren Gang als in der Schalterstellung D. Bevor es in schweres Gelände geht, schaltet der Maschinist im Stand an einem Drehschalter den Vorderradantrieb hinzu. Die Antriebswelle zur Vorderachse wird im Verteilergetriebe pneumatisch über eine Klauenkupplung starr mit dem Hinterachsantrieb verbunden. Beide Achsen bewegen sich nun mit gleicher Drehzahl. Wenn das LF-Logistik auf der Straße und befestigten Wegen unterwegs ist, ist nur die Hinterachse angetrieben. Das reduziert den Reifenverschleiß und verringert die sonst vom Allradantrieb bekannten höheren Lenkkräfte.

Premiere für Freytag

Erstmals hat die in Elze bei Hildesheim ansässige Firma Freytag ein solches Löschfahrzeug gebaut. Der Aufbau gliedert sich in den Gerätekoffer und den Laderaum. Öffnet man die Rollläden, steht man auf jeder Seite vor einem identisch ausgelegten Pumpenbedienstand mit A-Saugeingang und B-Füllleitung, zwei B-Abgängen und einem C-Abgang für den Schnellangriff. Schraubventile, Drehrad zum Umschalten von Saug- auf Druckbetrieb, Taster, Wasserstandanzeige und Manometer erleichtern dem Maschinisten die Bedienung. Die von PF Johstadt bezogene Pumpe NP 3000 ist dahinter auf dem Fahrgestellrahmen montiert. Sie entspricht in ihren Leitungsdaten der Norm für die FPN 10-2000. Oberhalb der Pumpe fand der 1500 Liter fassende Wassertank seinen Platz. Griffbereit liegen beidseitig als Schnellangriffseinrichtung ein C-Schlauch mit Hohlstrahlrohr und ein B-Schlauch mit Verteiler in den Fächern neben dem Pumpenstand.

Die Beladung aus wasserführenden Armaturen und Handwerksgeräten befestigte Freytag zur zügigen Entnahme auf Auszügen und auf einer aus dem Aufbau herausziehbaren Gerätewand. An der Stirnwand des Kofferaufbaus fanden je zwei Steckleiterteile ihren Platz. Den dazwischen montierten Lichtmast steuert der Maschinist über eine Kabelfernbedie-nung. Dessen Bedienteile liegen auf beiden Seiten am Pumpenstand.

Den heckseitig zugänglichen Laderaum verschließt eine geteilte Ladebordwand von Palfinger mit einer Hubkraft von 1500 Kilogramm. Im Laderaum montierte Freytag zur Ladungssicherung drei umlaufende Airline-Schienen an den Innenwänden und drei Airline-Schienen im Boden und an der Decke. Platz ist für sechs Rollcontainer. Griffbereit zur Entnahme stehen hinten die drei Rollwagen mit 300 Meter B-Schläuchen und 90 Meter C-Schläuchen, mit der Tragkraftspritze sowie mit Material für die Verkehrsabsicherung, beladen mit Leitkegeln, Blitzleuchten, Absperrband und Bindemittel. In der Reihe davor sind die drei Rollwagen beladen mit Schnelleinsatzzelt, Geräte zum Unwettereinsatz wie Kettensäge und Tauchpumpe sowie mit Beleuchtung und Stromerzeuger.

Summary

The LF-Logistics is rarely to be found at German fire brigades, because this uncommon type is not in the DIN fire truck type list. It‘s an engine with built-in fire pump and logistics compartment. It combines features of an LF 20 engine such as group cab for nine

Die Ladebordwand von Palfinger mit 1500 Kilogramm Hubkraft ist geteilt, um Schläuche für eine Wasserversorgung auszulegen. (klf)

The Palfinger tail lift with a lifting capacity of 1500 kilograms is divided to accommodate hoses for a water supply.

fire-fighters, built-in pump FPN 10-2000 and water tank with the design of a GW-L2 logistic truck. From this it takes over the box body with integrated equipment compartment and the loading area for roll containers.

The Basis is a MAN TGM 18.340 4x4 BB in Euro 5-version. From the numerous equipment details, the MAN TipMatic Emergency shift programme is particularly noteworthy. MAN has optimised the automated manually operated gearbox specifically to the requirements of fire service deployment situations. The automatic gear selection provides fast acceleration and targeted downshifting when braking in order to move off quickly following a turn or after crossing a junction.

The vehicle, which was constructed by Freytag for Vol. Fire Dept. Borsum using a centrifugal firefighting pump FPN 10-2000 from PF Johstadt and equipped with a 1500-litre water tank for firefighting, was provided with the group cab with nine seats made from glass fibre-reinforced plastic (GRP) by MAN Individual. The doors open almost at right angeles and are raised to the edge of the roof for safe entry and exit. Inside are four of the seats equipped with breathing appartus. MAN put this crew cab through comprehensive crash tests before letting it go into mass production. It has been awarded the ECE R29 test certificate for protection of cab occupants.The cargo area, which offers space for six roll containers, is closed by a Palfinger split tail lift with a lifting capacity of 1500 kilograms. Ready to hand for removal are the trolleys with 300 metres of B hoses (Ø 75 mm) and 90 metres of C-hoses (Ø 42 mm), with the portable pump and for warning the traffic while removing oil spills. In the row in front of them, the three trolleys are loaded with a rapid deployment tent, equipment for use in bad weather such as a chain saw and submersible pump, and generator and lighting equipment.

Sechs Container haben Platz auf der Ladefläche. In der hinteren Reihe stehen Rollwagen mit B-Schläuchen, mit der Tragkraftspritze und für die Verkehrsabsicherung bei der Beseitigung von Ölspuren. (klf)
Six containers have space on the loading area. In the rear row there are trolleys with B hoses (Ø 75 mm), with a portable pump and for warning traffc while removing oil traces.

Auf beiden Seiten befindet sich ein identischer Bedienstand für die eingebaute Pumpe. Im Geräteraum G1 sind Schläuche, Armaturen und Strahlrohre untergebracht. (klf)
On both sides there is an identical control station for the built-in pump. Hoses, fittings and nozzles are accommodated in the G1 equipment locker.

Auch im Geräteraum G2 liegen ein Schnellangriff aus C-Schlauch mit Strahlrohr sowie ein Verteiler mit angekuppeltem B-Schlauch griffbereit in den Fächern neben der Pumpe. (klf)
Also in the equipment room G2, a quick attack hose made of C-hose with jet pipe as well as a distributor with coupled B-hose are ready to hand in the compartments next to the pump.

AT 2 auf MAN TGM | HLF 20/16 | MAN TGM 13.290 4x4 BL | 2010 | FF Erlangen (klf)

JUBILÄUM BEI ROSENBAUER: 25 JAHRE AT-AUFBAU

Der erste AT war kein MAN. Aber der 2500ste und der 5000ste. Und der erste neue AT aus dem Werk in Luckenwalde sowie der 1000ste aus deutscher Fertigung. Diese entstanden auf MAN. So schreibt Rosenbauer in seinen Erfolgsmeldungen zur Geschichte des AT-Aufbaus. Diese Abkürzung AT stand vor 25 Jahren doppelt für „Aufbau-Technik in Aluminium-Technologie", heute für „Advanced Technology".

Blick zurück um ein paar Jahrzehnte, um zu verstehen, warum der „AT" vor 25 Jahren als revolutionäres Aufbaukonzept galt. Lange Zeit formten Wagner aus Hartholz das Aufbaugerippe und verkleideten es mit Stahlblechen. Sperrholz stellte das Material für die Innenverkleidung und Zwischenwände dar. Ab den 1950er Jahren löste die Ganzstahlbauweise die bisherige „gemischte Bauweise" ab. Aus knickstabilen und verwindungsfreien Vierkantrohren schweißten die Karosseriebauer das Aufbau- und Kabinengerippe, grundierten, lackierten und versahen es mit einer Hohlraumversiegelung. Darauf kamen Stahlbleche als Verkleidung. Ausschlaggebend für diesen Wandel waren vor allem Sicherheitsaspekte, denn diese neue Bauweise gab Stabilität bei einem Überschlag und ermöglichte Verformung bei einem starken Aufprall. Das Splittern des bisherigen Holzrahmens gefährdete die Besatzung und bot wenig Stabilität bei einem Unfall. Mit den Zielen der Gewichtseinsparung und des Korrosionsschutzes brachten Aufbauhersteller Ende der 1980er Jahre die ersten Aufbauten aus Aluminium auf den Markt. Speziell konstruierte Strangpressprofile lösten da und dort die Kastenprofile ab. Vom Schweißen gingen immer mehr Hersteller zum Kleben und Schrauben über. Aber auch unter den Aluminiumaufbauten steckte ein Hilfsrahmen aus Stahl, auf dem der Löschmittelbehälter für Wasser und die Pumpe montiert wurden.

AT 1 auf MAN L2000 | TLF 16/25 | MAN 14.224 LA-LF | 1999 | FF Iphofen (jwg)

AT 1 auf MAN L2000 Evolution | TLF 16/25 | MAN LE 250 B | 2001 | FF Zeitz Ortswehr Aue-Aylsdorf (klf)

1994: AT 1. Generation

Von all diesen tausendfach bewährten und im Feuerwehrfahrzeugbau bekannten Konstruktionsprinzipien lösten sich Ingenieure und Vertriebler bei Rosenbauer. Auf einer Papierserviette skizzierten sie 1992 bei einem Essen die grundlegende Idee für den AT, erinnert sich der österreichische Hersteller zum Jubiläum. Die Anregungen holten sie sich aus anderen Branchen, der Schiindustrie, dem Yacht- und Flugzeugbau. Auf einem Bodenblech stehen gekantete Bleche quer zur Fahrrichtung. Aus dem Tragflächenbau vom Flugzeugbau abgeleitete Sandwichverbundtafeln in Wabenbauform kamen als Tankwände und als Dachfläche zum Einbau. Alles ist aus Aluminium. Diese selbsttragende Anordnung ähnelt der aus dem Schiff- und Flugzeugbau bekannten Spantenbauweise. Alle Bauteile erhalten auf der computergesteuerten Laserschneidmaschine eine Teilegravur und es werden die Daten ihrer Formen gespeichert. Somit lassen sich noch Jahre später bei Reparaturen benötigte Teile nachfertigen. Neue Fertigungstechnologien zogen in den Rosenbauer-Werkshallen in Leonding ein: Kleben und Schrauben anstelle von Schweißen. Die Mannschaftskabine ist Bestandteil des Aufbaus. Das originale kurze Serienfahrerhaus, die MAN C-Kabine, kippt für Wartungsarbeiten vom Aufbau nach vorne weg. Es braucht keine verstärkten Kippzylinder, um eine lange Gruppenkabine anzuheben. Ein weiterer Vorteil der integrierten Kabine ist die längere für Beladung nutzbare Dachfläche.

Lediglich die Geräteraumklappen entstanden aus GFK. Der neue Aufbau wiege inklusive Mannschaftsraum 500 Kilogramm weniger als ein herkömmlicher Gerippebau, vermeldete Rosenbauer bei der Präsentation. Dieser Nutzlastgewinn kam einer zusätzlichen Beladung oder einem größeren Tankvolumen zu Gute. Die Integration von 24-Volt-Neonröhren in die Dachgalerie als Umfeldbeleuchtung stellte Mitte der

1990er Jahre noch Neuland in der Aufbaukonstruktion dar. Es brauchte kein Stromerzeuger mehr aus dem Aufbau herausgenommen und gestartet werden, um das Fahrzeugumfeld auszuleuchten. Bei der ersten Ausführung des AT-Aufbaus verschloss eine Treppe mit drei Stufen, die beim Öffnen der Tür automatisch abklappte, den Einstieg in den Mannschaftsraum.

Auf der Messe INTERSCHUTZ 1994 präsentierte Rosenbauer den AT-Aufbau für Löschfahrzeuge. Ein Jahr später rollten die ersten Fahrzeuge auf Steyr- und Mercedes-Fahrgestellen aus der Fertigung zu Feuerwehren in Österreich. 1996 erhielt die erste Feuerwehr in Deutschland zwei LF 24/30 in AT-Bauweise. Es war die FF Sindelfingen, die sich im Hinblick auf den ortsansässigen Fahrzeughersteller für einen Mercedes-Benz 1234 AF entschied. Im Herbst 1996 zeigte MAN auf seinem Stand auf der IAA für Nutzfahrzeug den ersten MAN mit AT-Aufbau. Seit 1997 läuft das erste AT-Löschfahrzeug auf MAN in Deutschland im Einsatzdienst. Die FF Bad Harzburg erwarb mit Hilfe der Erbschaft einer Gönnerin ein TLF 4000/200 auf MAN 18.264 LAK, das ein Jahr zuvor für die Auslieferung nach Ungarn vorgesehen war, aber dann bei Rosenbauer als Vorführfahrzeug gelaufen war. Im März 1998 teilte Rosenbauer in einer Pressemeldung mit, dass nun auch DIN-gerechte LF 16/12 und TLF 16/25 erhältlich seien. So sieht man den AT-Aufbau der 1. Generation nur auf den MAN-Baureihen L2000 und der L2000 Evolution. Am Frontgrill ohne silberne Umrandung lässt sich die im Jahr 2000 vorgenommene Modellpflege erkennen. Eine Kombination der AT-Aufbauten mit den MAN-Baureihen M2000 und M2000 Evolution gab es nicht.

2002: AT 2. Generation

Neu konstruierte Rosenbauer für den AT-2 den Einstieg in den Mannschaftsraum. Eine Treppe dreht sich synchron mit dem Öffnen der Türe aus dem Chassis heraus. Selbst unter beengten Platzverhältnissen, wenn sich die Türe in verparkten Innenstädten nicht vollständig öffnen lässt, kann die Mannschaft aus- und einsteigen. Mit der CAN-Bus-Technologie zog 2002 die elektronische Steuerung in die Aufbautechnik ein. In den Pumpenraum integrierte Rosenbauer einen Bildschirm und Folien-

AT 2 auf MAN L2000 Evolution | LF 16/12 | MAN LE 14.280 4x4 BB | 2005 | FF Dasing (klf)

AT 2 auf MAN TGM 13-Tonner | HLF 20/16 | MAN TGM 13.280 4x4 BL | 2009 | FF Bad Camberg (klf)

AT 2 auf MAN TGM 18-Tonner | TLF 20/40-SL | MAN TGM 18.340 4x4 BB | 2010 | FF Saarlouis Löschbezirk Ost (klf)

AT 2 auf MAN TGM mit Straßenantrieb | HLF 20/16 | MAN TGM 15.290 4x2 BL | 2010 | Feuerwehr Hanau (klf)

taster. Auf ihm wählt der Maschinist in Menüs die Bedienung der Pumpe, die Verkehrsleiteinrichtung, den Lichtmast oder Stromerzeuger aus. Ins Fahrerhaus kam ein Bildschirm zur Steuerung der Fahrzeugtechnik und der Sondersignalanlage. Viele Optimierungen im Detail führten zu mehr Platz für die Beladung sowie geringeren Energieverbrauch, weil LED-Lichtleisten und Leuchtstoffröhren die Beleuchtung des Innenraums und die Ausleuchtung des Fahrzeugumfeldes übernahmen.

Optisch lässt sich der Aufbau der 2. Generation nur an Details vom Vorgänger unterscheiden, am einfachsten am Rollladen über der Hinterachse: Dieser ist nun bis zum Heckkotflügel heruntergezogen. Der AT-Aufbau ist so flexibel in zwei Breiten und drei Höhen konstruiert, dass er auf allen gängigen Lastwagenmarken realisiert werden kann. Dazu gehörte der MAN L2000 Evolution. Auf den ab 2007 neuen MAN TGM bezogen sind Löschgruppen-, Tank- und Sonderlöschfahrzeuge sowie Rüstwagen mit 13, 15 und 18 Tonnen zulässiger Gesamtmasse möglich. Zur Erhöhung der Variantenvielfalt trägt die Wahl von Straßen- und Allradantrieb bei.

2010: AT 3. Generation

Auf der Messe INTERSCHUTZ 2010 enthüllte Rosenbauer in Leipzig die dritte Generation. Sie ist vorgesehen für Fahrzeuge mit zehn bis 20 Tonnen zulässigem Gesamtgewicht. Ihr Design wird von der Mannschaftsraumtür bestimmt. Sie besteht vollflächig aus schwarzem Glas. Das schafft bessere Lichtverhältnisse in der Kabine und die Mannschaft hat vor dem Aussteigen Sicht auf Hindernisse neben dem Fahrzeug. Alternativ gibt es eine Verkleidung der unteren Türhälfte aus Aluminium. Bei der Heckklappe hat der Kunde die Wahl zwischen Rollladen und Klappen aus schwarzem Glas oder Aluminium. Ein weiteres Merkmal der 3. AT-Generation ist die Einführung der LED-Lichttechnologie. Ständig weiter verbessert hat Rosenbauer den Insassenschutz im Mannschaftsraum. Alle Sitzplätze sind mit Sicherheitsgurten ausgestattet, auf Wunsch gibt es ein Rollover-Airbag-System mit Gurtstraffer für die äußeren Sitze. Die maximale Größe der Löschwasserbehälter beträgt 5500 Liter. Diese Tanks entstehen aus Polypropylen im Werk Radgona in Slowenien.

AT 3 auf MAN 15-Tonner | HLF 20 | MAN TGM 15.290 4x4 BL | 2011 | FF Erlangen (klf)
Mit diesem Jubiläumsfahrzeug feierte Rosenbauer den 2500. AT-Aufbau seit 1995.
With this MAN TGM of Fire Department Erlangen Rosenbauer is showing the 2500th AT built.

Im Herbst 2013 stellte Rosenbauer auf einem MAN TGM seinen Aufbau für Fahrgestelle in Euro 6-Ausführung vor. Dieses Fahrzeug ging später bei der WF MAN Truck & Bus Werk Nürnberg in den Einsatzdienst. Es gelang Rosenbauer in enger Zusammenarbeit mit MAN Drehtreppe, tiefgezogenen Aufbau und die Komponenten der Abgasreinigungsanlage so anzuordnen, dass im Geräteraum G2 – im Gegensatz zu manch anderem Fahrgestellhersteller – kein Platz für die Beladung verloren ging.

Rosenbauer nahm mit dem AT ursprünglich die Premiummärkte Deutschland, Österreich und Schweiz in den Fokus. Die Nachfrage war auch aus anderen Ländern von Anfang an so groß, dass zum Jahresende 2011 die Auslieferung des 2500. AT-Aufbau anstand. Das Jubiläumsfahrzeug, ein HLF 20/16 auf MAN TGM 15.290 4x4 BL ging an die Feuerwehr Erlangen. Nur fünf Jahre dauerte es, bis Rosenbauer die Produktion des 5000sten AT vermelden konnte. Der Kunde war wieder eine deutsche Feuerwehr, das Fahrgestell wieder ein MAN TGM. Dieses HLF 20 erhielt die FF Aldersbach.

Bei dieser Nachfrage reichte die Produktionskapazität im Stammwerk Leonding bei Linz nicht mehr aus. Das in Luckenwalde südlich von Berlin ansässige Werk fertigt auch den AT-Aufbau. Im Juni 2011 ging der erste neue AT aus deutscher Fertigung als HLF 20/16 auf MAN TGM 18.340 4x4 BB an die BF Potsdam. Zum Jahresende 2018 hat der 1000. AT die Produktion in Luckenwalde verlassen. Auch dieses Jubiläumsfahrzeug läuft auf MAN. Es war eines von vier HLF 20 auf MAN TGM 18.340 4x2 BL, die die BF Krefeld in Empfang nahm.

Summary

The first AT body built 25 years ago was not on a MAN. But the 2500th and 5000th were built by Rosenbauer on MAN chassis. AT stood in the beginning for „Aluminium-technology-based superstructure engineering", today for „Advanced Technology".

In terms of the design principle, the engineers broke away from the hitherto common skeleton construction of square tubes and their cladding with sheet metal panels. They took their inspiration from the ski industry, yacht and aircraft construction. Combination framing refers to the use of parallel sheets at right-angles to the longitudinal axis. Composite sandwich technology, as used in aerofoil construction, ensures maximum superstructure rigidity, despite the very low overall weight. In conjunction with finite-element computation, combination framing and sandwich technology, the use of solid aluminium as construction material reduces the superstructure weight by 500 Kilograms. Only the flaps at the equipment lockers were made of GFK. On the 1st generation AT a staircase closed the entrance to the crew compartment. It folded down when the door was opened. Two years after its presentation at the INTERSCHUTZ trade fair in 1994, MAN showed the first engine with AT superstructure on a MAN L2000.

In 2002, Rosenbauer unveiled the 2nd generation of the AT, and changed the way it enters the crew compartment. A staircase rotates synchronously with the door opening. This allows the crew to get in and out even in cramped conditions, such as a parked street. With CAN bus technology, the electronic control system moved into the fire fighting vehicle construction. Visually, the AT2 can only be distinguished from its predecessor by details. The simplest is the middle roller shutter, which is now pulled down to the fender above the rear axle. The AT2 was first available on MAN L2000 Evolution. On the MAN TGM, which will be new from 2007, engines, rescue engines, tankers and industrial fire-fighting vehicles as well as rescue vehicles with a gross vehicle weight of 13, 15 and 18 tonnes are possible.

At the INTERSCHUTZ 2010 fair, Rosenbauer unveiled the 3rd generation. It is intended for vehicles with a gross vehicle weight of ten to 20 tons. Their design is particularly determined by the crew compartment door. It consists entirely of black glass. Alternatively, the lower half of the door can be clad in aluminium. For the tailgate, the customer has the choice between a roller shutter and flap made of black glass or aluminium. Another feature of the 3rd AT generation is the introduction of LED lighting technology. The maximum size of the water tanks is 5,500 litres.

In autumn 2013, Rosenbauer presented the Euro 6 chassis version on an MAN TGM. Working closely together, Rosenbauer and MAN succeeded in arranging the turntable steps, the deep-drawn body and the components of the exhaust gas purification system in such a way that no space was lost in the G2 equipment compartment for loading - in contrast to some other chassis manufacturers.

In 2011, Rosenbauer built the 2500th and five years later the 5000th, both on MAN TGMs for German fire brigades. Production takes place at the main plant in Leonding (Austria), and since 2011 also in Luckenwalde (Germany). The 1st and the 1000th from Luckenwalde were delivered by Rosenbauer on MAN.

Die Tür aus schwarzem Glas ist prägendes Designelement der 3. Generation. Mitgeführt werden 2000 Liter Wasser und 200 Liter Schaummittel. (klf)
The door made of black glass is a characteristic design element of the 3rd generation. 2,000 litres of water and 200 litres of foam are carried.

AT 3 auf MAN TGM Euro 6 | HLF 20 | MAN TGM 18.340 4x4 BB | 2011 | WF MAN Nürnberg (klf)
Mit diesem HLF 20 präsentierte Rosenbauer seine Ausführung für Euro 6.
This rescue tender was the prototype for the body on an Euro 6-Chassis.

AT 3 auf MAN TGM Euro 6 | HLF 20 | MAN TGM 15.290 4x4 BL | 2015 | FF Kressbronn (klf)

Dieses HLF 20 stellte MAN auf der Interschutz 2015 auf seinem Stand aus. Es transportiert 1700 Liter Wasser und 120 Liter Schaummittel. (klf)
This Rescue Tender HLF 20 was on display at MAN's booth at Interschutz 2015. It carries 1,700 litres of water and 120 litres of foam.

AT 3 auf MAN TGM 18-Tonner | TLF 4000 | MAN TGM 18.340 4x4 BB | 2014 | FF Wesel Löschzug Stadtmitte (dhm)

AT 3 | TLF 4000 | MAN TGM 18.340 4x4 BB | 2014 | FF Verl (klf)
Mitgeführt werden 5500 Liter Wasser und 500 Liter Schaummittel.
It carries 5,500 litres water and 500 litres of foam.

AT 3 | RW | MAN TGM 18.340 4x4 BB | 2017 | BF Iserlohn (klf)
Eingebaut sind ein 30 kVA-Generator und eine Winde mit 50 kN Zugkraft.
A 30 kVA generator and a winch with 50 kN pulling force are installed.

FIRE AND EMERGENCY.NZ
CALL 111
FIRE
EMERGENCY
AHI FIRE

AHI-FIRE IN NEUSEELAND AUF MAN

Mitte der 1970er Jahre stand das New Zealand Fire Service NZFS vor der großen Herausforderung, die unübersehbare Vielfalt an Einsatzfahrzeugen in geregelte Bahnen zu lenken. Es entstand der Heavy Pump - Type 3 als Arbeitstier der hauptberuflichen Feuerwehren in den Städten. Die historischen Verbindungen im früheren British Empire und die wirtschaftlichen Verflechtungen im Commonwealth zeigten sich in der Wahl britischer Fahrgestelle wie Bedford, Commer, Dennis, Dodge oder Ford. Aus Australien kamen International-Chassis. Etwa zehn Jahre später fiel die Wahl vermehrt auf asiatische Hersteller wie Hino und Mitsubishi. Seit Mitte der neunziger Jahre dominiert Scania die Flotte der Löschfahrzeuge bei den Berufsfeuerwehren. Die letzten Beschaffungsserien des Type 3 gingen seit 2014 an MAN. Aktuell arbeitet Fire and Emergency New Zealand FENZ an der Konzeption der nächsten Generation. Es wird über zwei unterschiedliche Fahrzeuge nachgedacht, ein Löschfahrzeug (pump) und ein Hilfeleistungslöschfahrzeug (pump rescue tender). Der Zeitplan sieht die Erprobung der Musterfahrzeuge für 2021, die Auslieferung der Serienfahrzeuge ab 2023 vor.

Die Bauart des Type 3 ist seit Beginn an unverändert und gliedert sich in drei Baukörper: Kabine, mittig eingebaute Pumpe und Gerätekoffer. Diesem Prinzip entsprechen die 47 bislang ausgelieferten MAN mit Aufbau von Fraser. 36 Fahrzeuge sollen bis 2021 in dieser Form noch gebaut werden. Den Prototypen stellte Fraser bei der ‚Australasian Fire and Emergency Service Authorities Council 2014 Conference' in Wellington aus. Er ging dann auf der Hauptfeuerwache der Hauptstadt Wellington in Dienst und wurde später in die etwa 20 Kilometer weiter nördlich liegende Wache in Porirua umgesetzt.

Das Fahrgestell ist ein MAN TGM 15.290 4x2 BL in Rechtslenkerausführung mit einem Radstand von 4775 Millimeter. Der Motor erfüllt die Abgasgrenzwerte Euro 5. Das Automatikgetriebe mit Retarder von ZF baute MAN Individual, früher bekannt als MAN Truck Modification Center (TMC), in Wittlich ein. Ebenfalls von dort kommt die lange Mannschaftskabine. FENZ entschied sich wegen des Platzangebotes dafür. Obwohl mit dem Type 3 nur vier Einsatzkräfte ausrücken, sind hinten drei Sitze in Fahrtrichtung mit Atemschutzgeräten ausgestattet. Normalerweise ist der mittlere Platz nicht besetzt. Wird jedoch der Maschinist an der Einsatzstelle nicht zur Bedienung der Pumpe gebraucht, entnimmt er vom mittleren Sitz sein Gerät. Im Sitz des Fahrzeugführers vorne links ist ebenfalls ein Atemschutzgerät integriert.

Auf Sicherheit legen neuseeländische Feuerwehren sehr großen Wert. Das erklärt den midship-Einbau der Pumpe mit beidseitigen Bedienständen. Hier arbeitet der Maschinist geschützt vom Autoverkehr. Ein Autofahrer würde bei Übersehen der

Pumper Type 3 auf MAN TGM 15.290 4x2 BL von 2015 auf der Feuerwache Parnell in Auckland in der typischen Lackierung in rot und blau mit Battenberg-Warnbeklebung. (klf)
Pumper Type 3 on MAN TGM 15.290 4x2 BL from 2015 at Parnell Fire Station in Auckland in the typical red and blue paint scheme with Battenberg warning stickers.

Einsatzstelle auf das Fahrzeugheck auffahren – was bei einer früheren Bauform der Löschfahrzeuge passiert ist und einen Feuerwehrmann das Leben kostete. Zudem kann sich der Maschinist auf der jeweils verkehrsabgewandten Seite aufhalten. Die Pumpenanlage ist von Darley, das Modell LSP 1000 liefert 1000 Gallons (3785 l/min) bei 10 bar. Die Hochdruckpumpe H100 versorgt die beiden Schnellangriffshaspeln mit 90 Meter Schlauch.

Den Aufbau fertigt die einheimische Firma Fraser in Aluminium-Bauweise. Seine geringe Bauhöhe ist ebenfalls dem Sicherheitsaspekt geschuldet, um die Beladung und die tragbaren Leitern vom Boden aus zu entnehmen. Üblicherweise wird vermieden, auf den Aufbau aufzusteigen. Bei diesem Modell des Type 3 sind jedoch auf dem Dach Geräte aus dem großen Kasten zu entnehmen oder der Wasserwerfer zu bedienen. Der Wassertank fasst laut Datenblatt von FENZ 1430 Liter Wasser. Auf dem individuellen Pumpenprüfprotokoll, das jedes Fahrzeug mitführt, fanden sich Angaben bis zu 1530 Liter. Hinzu kommen 53 Class Liter A-Schaummittel.

Die Beladung mit Schlauchmaterial ist umfangreich. Im Heck liegt in Buchten gekuppelt in drei Schubladen die Versorgungsleitung Ø 90 mm. Im Hinblick auf den Hydrantenabstand von etwa 100 Metern in Innenstädten sind es 125 bis 180 Meter Schlauch. Von der Pumpe zum Verteiler werden Schläuche mit Ø 70 mm verlegt, von dort zum Strahlrohr sind es Ø 45 mm-Schläuche. Die am Heck vom Boden entnehmbare zweiteilige Schiebleiter hat eine Länge von 10,5 Meter. Die letzte Zahl im Funkrufnamen enthält die Information, ob es ein Löschfahrzeug ist – Zahl 1, oder ein Hilfeleistungslöschfahrzeug – Zahl 7. Letztere führen Hebekissen und einen hydraulischen Rettungssatz mit.

Te Reo Māori – zweisprachig beschriftet

Neben Englisch ist Maori Amtssprache in Neuseeland. Im Logo auf der Seite steht ‚Whakaratonga iwi', was 'unserem Volk dienen' bedeutet. Im Sommer 2018 stellte FENZ als zweisprachig beschriftetes Einsatzfahrzeug den MAN der Berufsfeuerwache in Wellington vor. ‚AHI' steht für ‚FIRE'. Die weiße Grafik zwischen Frontgrill, Windabweiser und vorderem Radlauf stellt ein Symbol aus der Maori-Kultur dar. Das treppenförmige Design deutet auf das ständige Streben nach Verbesserung hin. Stück für Stück sollen bei Reparaturen und Neubeschaffungen die Beschriftungen an den etwa 2000 Einsatzfahrzeugen von FENZ angepasst werden. Dieses ist umso mehr von Bedeutung, weil der Anteil der Maori unter den 13.000 Einsatzkräften bei elf Prozent liegt. Von der neuseeländischen Bevölkerung nehmen sie etwa 15 Prozent ein.

Neuseeländischer Aufbauhersteller Fraser

Sitzbänke aus Stahl auf den Plätzen und in den Grünanlagen in der Innenstadt von Wellington, die Metallfassade am Bundesgericht, ein Schiffsrumpf aus Aluminium oder ein Löschfahrzeug – das Produktprogramm von Fraser Engineering Ltd. stellt sich als sehr umfangreich dar. Die Schwerpunkte der in Lower Hutt bei Wellington ansässigen Firma liegen zum einen auf der Metallbearbeitung und zum anderen bei der Entwicklung und Herstellung von Feuerwehrfahrzeugen für die Märkte in Neuseeland, Australien und Ozeanien. 1953 gründete John Fraser seine Firma im festen Glauben, dass das gerade anbrechende Computerzeitalter im Maschinenbau und bei der Metallbearbeitung Anwendung finden kann. Die Aufbauten der Einsatzfahrzeuge bestehen aus Aluminium. Es fällt auf, dass die Fertigungstiefe sehr hoch ist im Vergleich zu europäischen Herstellern. So konstruiert und fertigt Fraser Gerätehalterungen, Schnellangriffshaspeln, Leiterhalterungen und Entnahmehilfen, Aufstiegsleitern, Lichtmaste, Rollladen als Geräteraumverschlüsse, Atemschutzsitze, Wasserwerfer, Rohrleitungen sowie wasserführende Armaturen wie Strahlrohre, Schlauchkupplungen, Hosenstücke und Verteiler selber. Würde man nicht selber fertigen, müsste man große Investitionen tätigen in den Einkauf der Teile bei Zulieferern auf anderen Kontinenten sowie einer intensiven Waren- und Qualitätskontrolle, so die Erklärung der Firma.

Rescue Pumper Type 3 auf MAN 15.290 4x2 BL von 2017 auf der Feuerwache Papatotoe in der Nähe von Auckland. Die lange Mannschaftskabine kommt vom MAN Individual, dem früheren Truck Modifiction Center. (klf)
Rescue Pumper Type 3 on MAN 15.290 4x2 BL from 2017 at the Papatotoe fire station in the suburbs of Auckland. The long crew cab comes from MAN Individual formerly known as Truck Modification Center.

An diesem Rescue Pumper Type 3 der Wache Wellington City wurde 2018 die zweisprachige Beschriftung Maori AHI – englisch FIRE und die treppenförmige Grafik aus der Maori-Symbolik vorgestellt. (klf)
On this Rescue Pumper Type 3 of the fire station Wellington City the bilingual lettering Maori AHI - English FIRE and the staircase graphic from the Maori symbolism were introduced in 2018.

In drei Schubladen liegt in Buchten gekuppelt die Versorgungsleitung Ø 90 mm vom Hydranten zur Pumpe. (klf)
The feeder line Ø 90 mm from the hydrant to the pump is located in three shelves, already coupled in the pump bay.

Beladung rechte Seite eines Pumper: Schläuche, Armaturen, Leiter, Kanister mit Schaummittel, Kabeltrommel und Scheinwerfer. (klf)
Loading the right side of a pump: hoses, fittings, canister with foam concentrate, cable drum and searchlight.

Beladung rechte Seite eines Rescue pumper: Schläuche, Leiter, Kettensäge, Trennschleifer, Hebekissen. (klf)
Loading the right side of a Rescue pumper: hoses, ladder, chain saw, angle grinder, lifting bag.

Beladung linke Seite eines Pumper: Schläuche, Kanister mit Schaummittel, Werkzeug, tragbare Pumpe, Kettensäge, Verkehrsleitkegel. (klf)
Loading left side of a pump: hoses, canister of foam concentrate, tools, portable pump, chain saw, traffic control cones.

Beladung linke Seite eines Rescue pumper: Schläuche, Hydraulikpumpe mit Verbrennungsmotor, hydraulisches Rettungsgerät (Schere, Spreizer, Zylinder), Werkzeug, Verkehrsleitkegel. (klf)
Loading left side of a rescue pump: hoses, hydraulic pump with combustion engine, hydraulic rescue equipment (scissors, spreader, cylinder), tools, traffic control cones.

Rescue Pumper für New Zealand Defence Forces

Die neuseeländischen Streitkräfte beschafften 2007 zwei Löschfahrzeuge auf MAN LE 15.280 4x2 BB mit serienmäßiger Doppelkabine. Das eine ist im Burnham Army Camp auf der Südinsel, das andere im Linton Army Camp auf der Nordinsel stationiert. Aufbauhersteller war die Firma SPEL in Trentham, damals ein technischer Dienstleister des Militärs. Der Wassertank fasst 1800 Liter. Die Waterous HL300-Pumpe leistet 3000 l/min bei 10 bar und 400 l/min bei 40 bar. An sie ist eine FoamPro 1600-Zumischanlage gekoppelt. Zur Beladung gehören ein hydraulischer Rettungssatz und eine tragbare Pumpe.

Ergänzend lieferte Fraser für die Brandbekämpfung im Gelände auf Truppenübungsplätzen, wohin nur Allradfahrzeuge fahren können, mehrere Löschcontainer. Ein Kubota-Dieselmotor treibt eine Nieder-/Hochdruckpumpe von Darley an. Mitgeführt werden 2000 Liter Wasser und 40 Liter Class A-Schaummittel. Auf jedem Militärlastwagen mit Twistlock-Verschlüssen für 10'-Container lässt sich der Aufbau mit einem Gabelstapler aufsetzen. Dazu gehören die MAN HX 18.330 4x4 BB, die RMMV, ein Joint Venture von Rheinmetall und MAN an die neuseeländischen Streitkräfte geliefert hat. MAN HX stellen militärische Adaptionen des blattgefederten MAN TGS-Fahrgestells dar.

Die neuseeländischen Streitkräfte stellten 2007 zwei Rescue Pumper auf MAN LE 15.280 4x4 BB in Dienst. Der Wassertank fasst 1800 Liter. Aufbauhersteller war SPEL in Neuseeland. (klf)
The New Zealand Defence Forces put two Rescue Pumpers on MAN LE 15.280 4x4 BB into service in 2007. The water tank holds 1800 litres. Body manufacturer was SPEL in New Zealand.

Im Heck ist eine Nieder-/Hochdruck-Pumpe des amerikanischen Herstellers Waterous eingebaut. Die Schaumzumischanlage stammt von FoamPro. Auf der Aufnahme fehlt die Leiter auf dem Dach. (klf)
A low/high pressure pump from the American manufacturer Waterous is installed at the rear. The foam proportioning system comes from FoamPro. On the photo the ladder on the roof lladder gantry is missing.

Tanker für Rural JNL Masterton

Dem japanische Forstunternehmen Juken New Zealand Ltd. gehören auf der Nordinsel große Waldflächen und es betreibt mehrere Holzwerke. In der Fabrik in Masterton hat die Firma zwei Tanklöschfahrzeuge zum Schutz ihrer Forste stationiert. Sie waren eingebunden in den Rural Fire Service. Die bislang von den 40 Bezirken gesteuerten Einheiten zur Vegetationsbrandbekämpfung gingen 2017 in die neue Organisation von FENZ auf. Die markante ockergelbe Farbgebung blieb dabei erhalten. Ein Einzelstück ist der MAN 27.422 DFA 6x6, der 1996 als allradangetriebener Holztransporter zugelassen worden sein soll. Bereits nach einem Jahr erfolgte bei der ortsansässigen Karosseriebaufirma Astrolight Motorbodies Ltd. der Umbau. Der Tank fasst 8000 Liter Wasser. Unter der Plattform am Heck sind zwei Motorpumpen der neuseeländischen Firma Phoenix montiert. Die linke ist mit dem Wassertank verbunden und versorgt die Schnellangriffshaspel, die Abgänge und den Werfer. So kann eine Einsatzkraft auf der Plattform gesichert bei langsamer Fahrt löschen. Die rechte Pumpe lässt sich abkuppeln und aus der Halterung entnehmen, um sie als Tragkraftspritze für die Wasserversorgung aus Gewässern zu verwenden. Die Kanister in den Halterungen auf beiden Tankseiten enthalten Schaummittel. In den Gerätekästen befinden sich vor allem Armaturen, Schläuche und Waldbrandrucksäcke.

Ein weiterer MAN, ein 26.403 DFC aus der F2000-Baureihe lief als Wassertanker bei der Feuerwehr Dannevirke auf der Nordinsel. Das Fahrzeug existiert nicht mehr.

Bei der Feuerwehr des japanischen Holzkonzerns Juken New Zealand steht im Werk in Masterton ein MAN 27.422 DFA 6x6 mit 8000 Liter Wasser. (klf)
The fire brigade of the Japanese-owned forestry company Juken New Zealand has a MAN 27.422 DFA 6x6 with 8,000 litres of water at its plant in Masterton.

Der Umbau des 1996 gebauten allradangetriebenen Holztransporters zu einem Tanker für Waldbrände erfolgte vor Ort bei der Firma Astrolight. (klf)

The conversion of the all-wheel drive timber transport built in 1996 into a tanker for rural fires was carried out on site at the company Astrolight.

Am Heck sind zwei Tragkraftspritzen montiert, was Pump-and-Roll ermöglicht. Eine auf der Plattform gesicherte Einsatzkraft kann mit dem Wasserwerfer löschen. (klf)

Two portable pumps are mounted at the rear, which allows pump-and-roll. A fireman secured on the platform can extinguish fire with the water cannon.

Tanker für Waitakere Fire Brigade

Waitakere, eine Ortschaft von etwa 1000 Einwohnern, liegt am Stadtrand von Auckland und stellt das Tor zu dem Waitakere Ranges Regional Park dar. Für die Brandbekämpfung in den weitläufigen Wäldern des Küstengebirges nutzen die 18 freiwilligen Einsatzkräfte seit 2017 ein Tanklöschfahrzeug mit 6000 Liter Wasser auf MAN TGM 15.290 4x2 BL. Es handelt sich um ein Einzelstück, das von der Gemeinde zusammen mit der Leitung der früheren Auckland Rural Fire konzipiert wurde. Der Aufbau entstand bei Tanker Engineering Specialists Ltd in Auckland. Diese Firma hat sich auf die Fertigung von Mineralöl- und Chemikalien-Tankzügen spezialisiert. Im Gerätekoffer zwischen Kabine und Tank ist die Darley PSM 1000-Pumpe eingebaut. Sie leistet etwa 1900 l/min bei 17 bar. Mitgeführt werden zusätzlich zwei kleine tragbare Pumpen. Zur Beladung, die vor allem auf die Wald- und Flächenbrandbekämpfung ausgelegt ist, gehören Kettensäge, Wasserbecken mit 7400 Liter Fassungsvermögen, 120 Meter Schlauch Ø 45 mm, 90 Meter Schlauch Ø 70 mm, 60 Liter Schaummittel, Schaufeln, Waldbrandhacken, Waldbrandrucksäcke, Verkehrswarngerät, zwei Pressluftatmer und ein Defibrillator.

Die Waitakere Fire Brigade stellte 2017 einen Tanker auf MAN TGM 15.290 4x2 BL in Dienst. Er transportiert 6000 Liter Wasser. (klf)
Waitakere Fire Brigade commissioned a tanker on MAN TGM 15.290 4x2 BL in 2017. It transports 6000 litres of water.

Dieser Tanker war eines der ersten Fahrzeuge, das im Sommer 2017 das neue Logo der neu gegründeten Fire and Energency New Zealand FENZ erhielt. (klf)
This tanker was one of the first vehicles to receive the new logo of the newly founded Fire and Energency New Zealand FENZ in summer 2017.

Die Besatzung besteht aus sechs Einsatzkräften. Die Beladung ist auf die Vegetationsbekämpfung im Wald und auf Freiflächen ausgerichtet. (klf)
The crew consists of six fire fighters. The loading is aimed at rural fire fighting in the forest and on open spaces.

Die Pumpe ist im Gerätekasten hinter der Kabine eingebaut. Darüber liegt Schlauchmaterial in Buchten. Im Kasten unter dem Tank stehen zwei kleine Tragkraftspritzen. (klf)
The pump is installed in the equipment cradle behind the cabin. Above it there is hose material in bays. In the box under the tank are two small portable pumps.

Materialtransport für USAR South

Die Neuseeländer sind sich der Naturgefahren sehr bewusst. Erdbeben, Vulkanismus und Flutwellen sorgen immer wieder mal für Zerstörungen. Wichtige Unterstützung kommt im Ereignisfall von USAR Urban Search and Rescue. Für die Logistik der Ausrüstung gibt es drei große Materiallager: USAR North in Auckland, USAR Central in Palmerston North und USAR South in Rolleston bei Christchurch. In Containern, auf Paletten und in Gitterboxen lagern Geräte und Ausrüstungen zur Suche und Rettung von Personen aus zerstörten Gebäuden. Aus dem Lager in Rolleston wird die Südinsel betreut. Dort kommt für die Materialtransporte seit Sommer 2018 ein MAN TGS 26.320 6x4 BL mit TipMatic und zwei Sitzplätzen in der M-Kabine zum Einsatz. Der Curtainsider-Aufbau stammt von Helmack aus Ashburton, die Ladebordwand von Dhollandia.

Dem Urban Search and Rescue-Team (USAR) auf der Südinsel steht für die Materialtransporte ein 2018 gebauter MAN TGS 26.320 6x4 BL zur Verfügung. (klf)
The Urban Search and Rescue Team (USAR) on the South Island has a MAN TGS 26.320 6x4 BL built in 2018 at its disposal for transporting materials.

Die Beladung mit Paletten und Gitterboxen erfolgt über die Ladebordwand von Dhollandia. Für eine Entnahme zur Seite wird die Schiebeplane des Curtainsider-Aufbaus geöffnet. (klf)
Loading of pallets and mesh cages is carried out via Dhollandia's tail lift. For removal to the side, the sliding curtain of the curtainsider body is opened.

Die ersten beiden MAN – zwei Jumbo Cheetah

Die Aufsichtsbehörden der Flughäfen forderten in ihren internationalen Regularien zum Ende der 1970er Jahre schnelle Vorauslöschfahrzeuge (RIV Rapid Intervention Vehicles). Rosenbauer entwickelte mit der zu MAN gehörenden Wiener Firma ÖAF ein leistungsstarkes Spezialfahrzeug, dem sie den Namen „Jumbo Cheetah" gaben. Ausgangspunkt war ein mit Schraubenfederung konzipierter hoch geländegängiger Militärlastwagen. In das einzelbereifte Chassis setzten die Ingenieure hinter dem Fahrerhaus einen 440 PS starken V10-Motor mit Turboaufladung und Allison-Wandler-Automatikgetriebe ein. So entstand der ÖAF 14.440 FAEG. Der Motor lieferte genug Kraft, das maximal 14 Tonnen schwere Fahrzeug innerhalb von 20 Sekunden auf 80 km/h zu beschleunigen und auf 130 km/h Höchstgeschwindigkeit zu bringen. Damit der Fahrzeugschwerpunkt niedrig lag und hohe Kurvengeschwindigkeiten erlaubte, platzierte Rosenbauer die zwei 1000 Liter fassenden Wassertanks links und rechts vom Rahmen. Hinter den Motor kam die Rosenbauer-Pumpe R280 HN2 mit einer Leistung von 2800 l/min bei 15 bar und 300 l/min bei 40 bar. Dahinter saß auf dem Rahmen der 220 Liter fassende Schaummitteltank. 50 Meter Wurfweite und ein Durchfluss von 1600 l/min stehen für den Dachwerfer in der technischen Beschreibung.

Zwei Jumbo Cheetah kamen 1986 nach Neuseeland. Das waren die ersten beiden MAN für die Feuerwehr im Land. Außer Wasser und Schaummittel hatten sie zum Löschen 250 kg Pulver und 90 kg Halon dabei. Zur Beladung gehörten hydraulisches und pneumatisches Rettungsgerät, Atemschutzgeräte, tragbarer Stromerzeuger, Beleuchtung und Erste-Hilfe-Ausrüstung. Soweit herauszufinden war, verbrachte der eine Jumbo Cheetah seine gesamte Dienstzeit auf dem Christchurch International Airport. Anschließend erwarb ihn ein Straßenbauunternehmen. Das andere Fahrzeug erhielt der Flughafen Auckland. Seine weiteren Stationen waren der Rotorua Airport, Hawskes Bay Airport bei Napier und zuletzt der Gisborne Airport. Dort machten die zunehmende Anzahl an Flugbewegungen und die Bedienung der Flugrouten nach Auckland und Wellington mit der größeren Bombardier Q300 die Stationierung eines Flugfeldlöschfahrzeuges erforderlich. So kam der Jumbo Cheetah 2017 nach Gisborne und blieb dort bis 2019. Als Reservefahrzeug kehrte er nach einer Überholung im Jahr 2020 auf den Flugplatz zurück.

Im Lauf der Jahre erlebte der Aucklander Jumbo Cheetah mehrere Umbauten und Lackierungen. Auf der linken Seite kam eine Schnellangriffshaspel auf das Dach vom Wassertank. Dafür schnitt man ein Stück aus der Blende heraus und legte den ursprünglich hinter einem Rollladen verborgenen Pumpenbedienstand frei. An der Front ersetzte ein Wasserwerfer den Rammschutz. Zudem ist im Heck ein 800 Liter fassender Wassertank ergänzt worden.

Jumbo Cheetah auf MAN ÖAF 14.440 auf dem Christchurch International Airport. Aufgenommen 1999 mit dem typischen Schutzgitter des Herstellers vor der Kabine. (ssb)
Jumbo Cheetah on MAN ÖAF 14.440 at Christchurch International Airport. Taken in 1999 with the typical protective grille ex works in front of the cabin.

Von 2017 bis 2019 lief der ursprünglich an den Flughafen Auckland gelieferte Jumbo Cheetah in Gisborne. (klf)
From 2017 to 2019 the Jumbo Cheetah originally delivered to Auckland Airport ran at Gisborne Airport.

Der Jumbo Cheetah auf dem Gisborne Airport war im Lauf der Jahre mehrfach umgebaut worden. Es kamen der Frontwerfer und die Schnellangriffshaspel hinzu. (klf)
The Jumbo Cheetah at Gisborne Airport had been converted several times over the years. The front monitor and the fast attack reel were added.

Einer der Umbauten: Über das lange Rohr werden die Abgase des V10-Zylinder-Motors nach hinten weggeführt. (klf)
One of the conversions: The long pipe leads the exhaust of the V10-cylinder engine to the rear.

MAN – einer von vielen in Neuseeland

Der Reiz des neuseeländischen Lkw-Marktes liegt in seinem Mix aus asiatischen, amerikanischen und europäischen Herstellern. Alleine aus Europa bieten sechs der sieben Hersteller ihre Lastwagen an: DAF, IVECO, MAN, Mercedes, Scania und Volvo. Die Asiaten dominieren mit knapp über 50 Prozent, die europäischen Hersteller nehmen etwa ein Drittel des Marktes von jährlich ca. 3500 Lastwagen über 10 Tonnen zulässigem Gesamtgewicht ein. Für amerikanische Hersteller bleibt ein kleiner Anteil von etwa 15 Prozent. DAF und Volvo stellen zusammen die Hälfte der europäischen Lastwagenimporte. MAN behauptet sich mit Mercedes-Benz und Scania im Mittelfeld (Stand der Zahlen Jahresende 2019).

Seit 2013 ist die amerikanische Firma Penske als Importeur für MAN in Australien, Neuseeland und Ozeanien tätig. Seitdem steigen die jährlichen Absatzzahlen der Lkw von MAN. Die Geschichte von MAN in Neuseeland hat jedoch ein paar mehr Kapitel zu erzählen. 1954 kamen als Erstes ein Dutzend MAN-Traktoren mit Allradantrieb vom Typ AS542A ins Land, ein paar Lastwagen folgten in den 1970er Jahren. In der Regel verschiffte MAN zerlegte Lastwagen, der Importeur setzte die Komponenten zusammen. Aber der Markenauftritt litt unter häufigem Besitzerwechsel, bis er an die amerikanische Firma Penske ging. Als Importeur betreut sie mehrere Firmen, bei den Lastwagen sind es MAN, WesternStar und Dennis Eagle. Penske platziert die MAN Lastwagen der Baureihen TGM, TGS und TGX in vielen Branchen wie Bau, Energieversorgung, Landwirtschaft, Schwertransport, Verteiler- und Fernverkehr. 2019 kam MAN auf etwa 110 Lkw-Neuzulassungen. Eine Erfolgsgeschichte stellt der Busvertrieb dar. MAN liefert Chassis, die in Neuseeland, Australien oder Asien Aufbauten erhalten. 1976 wurde der erste Bus verkauft. Heute fahren in fast allen größeren neuseeländischen Städten MAN Stadtbusse.

Summary

The first MAN trucks came to New Zealand in the 1970s. The customer service agent changed several times, and since 2013 the American company Penske has been the importer. The appeal of the New Zealand truck market lies in the mix of Asian, American and European manufacturers. The brands from Europe take about one third of the market of annually about 3500 trucks over 10 tons gross vehicle weight. Of these, MAN holds its own in the midfield.

Standard vehicle of the career fire stations in the cities is the Pumper or Rescue Pumper Type 3. 47 MAN TGM 15.290 4x2 BL have been delivered since 2014. 36 are to follow in the next few years. MAN Individual, former known as MAN Truck Modification Center, in Germany installed an automatic transmission and manufactures the long crew cab. Four of the five seats are equipped with breathing apparatus. The Darley LSP 1000 pump installed midship has an output of 1000 gpm at 10 bar and is coupled with the H100 high-pressure pump. The water tank holds 1430 to 1530 litres. The assembly is done by the New Zealand company Fraser Engineering Ltd. The company focuses on metalworking on the one hand and on the other hand on the development and production of fire fighting vehicles for the markets in Australasia. The vertical range of manufacture is very high compared to European manufacturers. Fraser designs and manufactures most of the fittings and loading equipment itself.

The other fire-fighting vehicles on MAN chassis are mostly individual items. In 2007 New Zealand Defence Force purchased two MAN LE 15.280 4x2 BB. The Japanese-owned forestry company Juken New Zealand has a large tanker in Masterton to protect its forest areas. The MAN 27.422 DFA 6x6 carries 8000 litres of water. The Fire Brigade Waitakere has developed a tanker for Rural Fires in 2017. The MAN TGM 15.290 4x2 BL with crew cab ex works received a tank for 6000 litres of water from Tanker Engineering Specialists Ltd. USAR Urban Search and Rescue put a truck on MAN TGS 26.320 6x4 BL into service in 2018 at the South warehouse in Rolleston near Christchurch to transport the equipment. The first two MANs for the fire service in New Zealand arrived at Auckland and Christchurch airports in 1986. Rosenbauer had developed a highly motorised rapid intervention vehicle based on a military truck with high off-road capability. The MAN 14.440 with V10 engine was given the name "Jumbo Cheetah". One RIV remained in Christchurch, the other was converted several times and was used at the airports of Auckland, Rotorua, Hawskes Bay and most recently, from 2017 to 2019, at Gisborne.

BUFFALOS SCHÜTZEN INDISCHEN FLUGHAFEN KOCHI

Wenn bei Feuerwehrleuten die Rede ist von Simbas, Panthern, Pumas, Cheetahs oder Buffalos, dann handelt es sich in der Regel nicht um den Reisebericht von einer Safari, sondern um die Flughafenlöschfahrzeuge aus dem Hause Rosenbauer. Auf vielen Kontinenten findet man diese feuerlöschenden Raubtiere aus österreichischer Produktion, so auch in der indischen Hafenstadt Kochi am Arabischen Meer, etwa 300 Kilometer nördlich der Südspitze des Subkontinents.

Der Cochin International Airport liegt etwa 30 Kilometer vom Stadtzentrum entfernt und trägt den IATA-Code COK. Die International Civil Aviation Organization (IACO) hat ihn in Kategorie 9 eingestuft. Diese Klassifikation richtet sich nach den Abmessungen der größten Flugzeuge, die dort landen und starten. Dementsprechend sind die Löschmittelmengen zu bemessen. Der Jumbo-Jet Boeing 747 ist ein typischer Vertreter für die Kategorie 9. Das bedeutet für den Brandschutz: 24.300 Liter Wasser-Schaummittelgemisch sowie 450 Kilogramm Pulver müssen auf drei Fahrzeuge verteilt vorgehalten werden.

Zum Jahresende 1999 versandte Rosenbauer eine Pressemitteilung über die Lieferung von vier Flugfeldlöschfahrzeugen an den Cochin International Airport, nämlich zwei Buffalo RIV 2400/300/270-Fix Mix und zwei Buffalo 6500/800/200-Fix Mix. Das Vorauslöschfahrzeug basiert auf einem zweiachsigen MAN 19.423 FAC 4x4, das Tanklöschfahrzeug auf einem dreiachsigen 27.423 DFAL 6x6. Die Buchstaben in der Bezeichnung des Typs stehen für D = Dreiachser, F = Frontlenker, A = Allrad, C = Chassis, L = Lastwagen. Offensichtlich war die damalige Nomenklatur bei MAN nicht immer einheitlich, weil C und L dasselbe

Seit 1999 setzt der indische Flughafen Cochin auf MAN F90. Rosenbauer lieferte je zwei Vorauslöschfahrzeuge und Tanklöschfahrzeuge. (rbi)

The Indian airport of Cochin has been using MAN F90 since 1999. Rosenbauer supplied two Rapid Intervention Vehicles RIV and two Air Crash Tender.

aussagen. Und zu anderen Zeiten wäre noch ein E angefügt worden für Einzelradbereifung. In den Fernfahrerhäusern aus der MAN F90-Baureihe findet sich eine Sitzbank anstelle der sonst üblichen Liegen hinter dem Fahrersitz. Die Besatzung besteht aus vier Einsatzkräften, weshalb die Seitenwand verglast ist.

Bei beiden Fahrzeugtypen bringt der 6-Zylindermotor aus der D28-Baureihe 420 PS über das ZF Automatikgetriebe 6HP600 auf die Straße. Für die Beschleunigung aus dem Stand auf 80 km/h gibt Rosenbauer 25 Sekunden an und als Höchstgeschwindigkeit 105 km/h. Der Motor treibt über einen Nebenabtrieb die mittig eingebaute Niederdruck-/Hochdruckpumpe vom Typ NH40 von Rosenbauer an. In den Leistungsangaben unterscheiden sie sich ein wenig, wie die Daten in der Tabelle zeigen. Bedient wird die Pumpe aus dem Fahrerhaus heraus oder im linken mittleren Geräteraum. Die Schaummittelvormischanlage FIX MIX ist auf Zumischraten von 3, 4 und 6 % eingestellt. Der Rosenbauer Wasser-/Schaummonitor des RIV vom Typ RM25E leistet 2400 l/min bei 10 bar, der RM60E des größeren Löschfahrzeugs 3000 l/min bei 10 bar. Gesteuert werden sie elektronisch aus der Kabine. Oberhalb des Pumpenbedienstandes platzierte Rosenbauer die Schnellangriffshaspeln. Die Vorstellung der Löscheinrichtungen vervollständigen die vier Bodensprühdüsen vor der Vorder- und der Hinterachse, die jede 100 l/min abgeben.

Den dreigeteilten Aufbau aus Aluminium setzte Rosenbauer mit einem Stahlhilfsrahmen auf das MAN-Fahrgestell auf. Vorne befindet sich der Pumpenraum, mittig der Löschmittelbehälter für Wasser und Schaummittel und hinten ein Geräteraum. An der Stirnwand des Aufbaus befindet sich die Pulverlöschanlage mit der Haspel für den formfesten Pulverschlauch. Im RIV kamen zwei Löschanlagen mit je 135 Kilogramm zum Einbau, im Buffalo 6500 fasst jeder der beiden Behälter 100 Kilogramm.

Summary

From the Photographic archives : In 1999, the Austrian manufacturer Rosenbauer sent a press release on the delivery of four airfield fire-fighting vehicles on MAN chassis to Cochin International Airport in India. The two-axle Rapid Intervention Vehicle is mounted on a MAN 19.423. It transports 2400 litres of water, 300 litres of foam and two powder installations, each containing 135 kilograms. The Air Crash Tender on a MAN 27.423 has 6500 litres of water, 800 litres of foam and 200 kilograms of powder. In both vehicles, the Rosenbauer NH 40 pump is located midship. The pump output is round about 2800 l/min at 10 bar and 350 l/min at 40 bar at high pressure. Rosenbauer calls this type of airport fire-fighting vehicle „Buffalo". The superstructure is divided into three parts: the pump chamber at the front, the tank for water and foam concentrate in the middle and an equipment compartment at the rear. In the spacious MAN driver's cab, a bench seat replaced the bunk bed that was normally installed there, as the crew consists of four fire fighters.

Technische Daten / Technical Data

	Buffalo RIV 2400	Buffalo Tender 6500
Fahrgestell / Chassis	MAN 19.423 FAC / 4x4	MAN 27.423 DFAL / 6x6
Besatzung / Crew	1 + 3	1 + 3
Wassertank / Water	2400 Liter	6500 Liter
Schaummitteltank / Foam	300 Liter	800 Liter
Pulverlöschanlage / Powder	2 x 135 kg	2 x 100 kg
Pumpe / Pump	NH 40	NH 40
	Normaldruck / Hochdruck	Normaldruck / Hochdruck
Pumpenleistung / Output of Pump	2800 l/min bei 10 bar	3000 l/min bei 10,5 bar
	350 l/min bei 40 bar	350 l/min bei 40 bar
Einsatzgewicht / Weight	ca. 15.400 kg	ca. 22.000 kg

Das Vorauslöschfahrzeug auf MAN 19.423 FAC transportiert 2400 Liter Wasser, 300 Liter Schaummittel und 270 Kilogramm Pulver. In der Fahrzeugmitte sitzt die Pumpenanlage NH 40. (rbi)
The RIV on a MAN 19.423 FAC transports 2400 litres of water, 300 litres of foam and 270 kilograms of powder. The NH 40 pump system is located midship in the vehicle.

Der Aufbau auf dem MAN 27.423 DFAL fasst 6500 Liter Wasser und 800 Liter Schaummittel. Im vorderen Geräteraum stecken zwei Pulverlöschanlagen PLA100 und die Pumpe NH 40. (rbi)
The body on the MAN 27.423 DFAL holds 6500 litres of water and 800 litres of foam. The front compartment contains 2 PLA100 powder extinguishing systems and the NH 40 pump.

Weitere Bücher unseres Verlages

Fordern Sie unser Gesamtverzeichnis an mit Büchern über **Autos**, **Motorräder**, **Lastwagen**, **Schwertransporte**, **Autokrane**, **Traktoren**, **Forstfahrzeuge**, **Feuerwehrfahrzeuge**, **Baumaschinen** und **Lokomotiven**:

Verlag Podszun Motorbücher GmbH
Elisabethstraße 23-25, 59929 Brilon
Telefon 02961-53213, Fax 02961-9639900
Email info@podszun-verlag.de
www.podszun-verlag.de

Faun Dreirad-Kehrmaschine, Montage-Turmwagen Magirus, Holder Kommunalfahrzeuge u. a.

144 Seiten, 290 Abbildungen
24 x 17 cm, Leinenbroschur
Bestellnummer **938** EUR **16,90**

Neuheiten, Magirus Gelenkleiter, Fünf neue Panther für die Flughafenfeuerwehr Stuttgart u.a.

160 Seiten, viele Abbildungen
24 x 17 cm, Leinenbroschur
Bestellnummer **928** EUR **16,90**

Der Autor zeigt und erklärt die unterschiedlichen ELW, vom Pkw bis zum Sattelschlepper.

180 Seiten, 460 Abbildungen
28 x 21 cm, fester Einband
Bestellnummer **772** EUR **29,90**

Die Sonderfahrzeuge der Feuerwehr mit ihren interessanten technischen Details.

144 Seiten, 350 Abbildungen
28 x 21 cm, fester Einband
Bestellnummer **533** EUR **24,90**

Der erste Band beschäftigt sich mit den Einsatzfahrzeugen ab 1915 bis zur Jahrtausendwende.

256 Seiten, 435 Abbildungen
28 x 21 cm, fester Einband
Bestellnummer **858** EUR **39,90**

Die Trucknology Generation ab 2000 mit den Baureihen TGL, TGM, TGA, TGS, TGX u.a.

256 Seiten, 390 Abbildungen
28 x 21 cm, fester Einband
Bestellnummer **872** EUR **39,90**

Rettungsdienstfahrzeuge aller Organisationen: ASB, DLRG, DRK, JUH, MHD, THW, SWD.

260 Seiten, 650 Abbildungen
28 x 21 cm, fester Einband
Bestellnummer **854** EUR **34,90**

Erstklassige Fotografie: Berufs- und Flughafenfeuerwehr, Werk- und Freiwillige Feuerwehren.

320 Seiten, 950 Abbildungen
28 x 21 cm, fester Einband
Bestellnummer **827** EUR **49,90**

100 Jahre Hamburger Feuerwehrgeschichte mit technischen Daten, Tabellen und vielen Bildern.

184 Seiten, 420 Abbildungen
28 x 21 cm, fester Einband
Bestellnummer **331** EUR **29,90**

Alle Fahrzeuge von den Anfängen bis zu den hochmodernen von heute.

220 Seiten, 580 Abbildungen
28 x 21 cm, fester Einband
Bestellnummer **944** EUR **39,90**

Drei HLF 20 stellte die Freiwillige Feuerwehr Wedemark im Sommer 2019 in Dienst. Die österreichische Firma Walser baute sie auf MAN TGM 18.340 4x4 BB auf. Das abgebildete HLF 20 läuft bei der Ortsfeuerwehr Elze. (klf)
The volunteer Fire Brigade of Wedemark received in summer 2019 three rescue engines HLF 20. Austrian company Walser built them on a MAN TGM 18.340 4x4 BB. The HLF 20 on the picture is in service at Elze local fire brigade.